Rajib Kumar Dubey

# LASING SEM INVERSÃO

Rajib Kumar Dubey

# LASING SEM INVERSÃO

ScienciaScripts

Cover image: www.ingimage.com

This book is a translation from the original published under ISBN 978-620-7-99766-4.

Publisher:
Sciencia Scripts
is a trademark of
Dodo Books Indian Ocean Ltd. and OmniScriptum S.R.L publishing group

120 High Road, East Finchley, London, N2 9ED, United Kingdom
Str. Armeneasca 28/1, office 1, Chisinau MD-2012, Republic of Moldova, Europe
Printed at: see last page
**ISBN: 978-620-8-21989-5**

**Dedicado à minha avó (Dila Devi)**

# Índice

## Prefácio

A luz desempenha um papel tão importante na vida do homem que a sua natureza tem sido certamente uma fonte de admiração e reflexão ao longo da história. Embora a investigação tenha progredido rapidamente durante este século, os fundamentos do que sabemos sobre a luz, a ótica, a ótica quântica e o laser remontam, de facto, ao passado da civilização. No passado, grandes filósofos apresentaram diferentes teorias e ideias sobre a luz. Algumas coisas básicas irão certamente mudar no futuro. Até Einstein, em 1917, escreveu "durante o resto da minha vida reflectirei sobre o que é a luz". Talvez Einstein tenha feito esta afirmação depois de ter elaborado a famosa fórmula da radiação do corpo negro com base na ideia de emissão estimulada. A natureza e as propriedades da luz e, de facto, tudo o que sabemos sobre a luz provém da sua interação com a matéria. Esta interação pode ser explicada com base na mecânica quântica. Uma compreensão clara da constituição física da luz e dos fenómenos resultantes da sua interação com a matéria é, portanto, essencial para qualquer interpretação válida dos factos.

Quando um sistema atómico interage com a luz, pode amplificar a luz ou a radiação electromagnética, quando o ganho excede a perda. Isto também requer que as transições do nível superior para o nível inferior prevaleçam sobre as transições do nível inferior para o nível superior. Se se tratar de sistemas de dois níveis, a única forma de obter amplificação é produzir um estado de inversão da população, ou seja, o nível superior deve ser mais densamente povoado do que o nível inferior. A ação laser ocorre basicamente entre dois estados. Assim, é comum pensar-se que a inversão da população é um dos principais requisitos para a ação laser. No entanto, esta conclusão não é válida quando estão envolvidos mais de dois níveis. Nesse caso, restam-nos várias possibilidades. Num mecanismo, ocorre interferência destrutiva das transições ópticas e é possível a assimetria entre as transições ascendente e descendente. Neste caso, a amplificação da luz é possível mesmo que a população do nível superior seja inferior à do estado fundamental. Esta é, de facto, uma manifestação de interferência quântica e o laser é conhecido como laser de interferência quântica ou laser de laser sem inversão (LWI). O laser sem inversão é importante por várias razões. Uma das aplicações possíveis inclui a geração de radiações coerentes nas regiões do ultravioleta distante e dos raios X, onde a inversão da população é muito difícil ou impossível de conseguir.

O interesse pela retroiluminação sem inversão (LWI) deriva do potencial de retroiluminação de baixo comprimento de onda e da interessante interação entre a coerência nos átomos e na luz. Houve um grande número de contribuições teóricas e a amplificação sem inversão foi demonstrada experimentalmente. Recentemente, foi relatada a ocorrência de lasing sem inversão em Rb e Na atómicos. Estas experiências mostram que uma transição entre dois níveis incoerentemente acoplados pode ser transformada em laser pela adição de um campo coerente que acopla um dos níveis a um terceiro nível.

O objetivo do livro é investigar alguns aspectos de uma nova radiação laser, conhecida como lasing sem inversão, levada a cabo pelo autor nos últimos anos. O objetivo do livro é obter uma visão do assunto e estes são discutidos em pormenor.

**Rajib Kumar Dubey**

## Alta luminosidade e desenvolvimento da ótica laser e quântica

### 1.1 Introdução:

No presente capítulo, fazemos um levantamento dos desenvolvimentos históricos das nossas ideias associadas ao laser e à ótica quântica. A luz desempenha um papel tão importante na vida do homem que a sua natureza tem sido certamente uma fonte de admiração e reflexão ao longo da história. Embora a investigação tenha progredido rapidamente durante este século, os fundamentos do que sabemos sobre a luz, a ótica, a ótica quântica e o laser remontam, de facto, ao passado da civilização. No passado, grandes filósofos apresentaram diferentes teorias e ideias sobre a luz. Algumas coisas básicas irão certamente mudar no futuro. Até Einstein, em 1917, escreveu "durante o resto da minha vida reflectirei sobre o que é a luz". Talvez Einstein tenha feito esta afirmação depois de ter elaborado a famosa fórmula da radiação do corpo negro com base na ideia de emissão estimulada. A natureza e as propriedades da luz e, de facto, tudo o que sabemos sobre a luz provém da sua interação com a matéria. Esta interação pode ser explicada com base na mecânica quântica. Uma compreensão clara da constituição física da luz e dos fenómenos resultantes da sua interação com a matéria é, portanto, essencial para qualquer interpretação válida dos factos.

Quando um sistema atómico interage com a luz, pode amplificar a luz ou a radiação electromagnética quando o ganho excede a perda. Isto também requer que as transições do nível superior para o nível inferior prevaleçam sobre as transições do nível inferior para o nível superior. Se se tratar de sistemas de dois níveis, a única forma de obter amplificação é produzir um estado de inversão de população, ou seja, o nível superior deve ser mais densamente povoado do que o nível inferior. A ação laser ocorre basicamente entre dois estados. Assim, é comum pensar-se que a inversão da população é um dos principais requisitos para a ação laser. No entanto, esta conclusão não é válida quando estão envolvidos mais de dois níveis. Nesse caso, restam-nos várias possibilidades. Num mecanismo, ocorre uma interferência destrutiva das transições ópticas e é possível a assimetria entre as transições ascendente e descendente. Neste caso, a amplificação da luz é possível mesmo que a população do nível superior seja inferior à do estado fundamental. Esta é, de facto, uma manifestação da interferência quântica e o laser é conhecido como laser de interferência quântica ou laser de laser sem inversão (LWI). O laser sem inversão é importante por várias razões. Uma das aplicações possíveis inclui a geração de radiações coerentes nas regiões do ultravioleta distante e dos raios X, onde a inversão da população é muito difícil ou impossível de conseguir.

## 1.2 Alta luz e desenvolvimentos da ótica laser e quântica:

LASER é o acrónimo de Light Amplification by Stimulated Emission of Radiation (Amplificação da Luz por Emissão Estimulada de Radiação). A emissão estimulada é diferente da emissão ou absorção espontânea. A ação do laser baseia-se na amplificação da oscilação electromagnética por meio de átomos ou moléculas forçadas ou induzidas. Einstein utilizou o conceito de emissão estimulada para obter a fórmula da radiação de corpo negro de uma forma diferente da de Planck ou Bose. É de notar que Einstein não conhecia o laser e, de facto, foram necessários mais de quarenta anos até 1960 para que fosse fabricado o primeiro dispositivo laser prático. A noção de emissão estimulada foi avançada pela primeira vez por Einstein [1] em 1917. Einstein rederivou a fórmula da radiação de um ponto de vista completamente diferente e introduziu o conceito de emissão estimulada, com consequências de grande alcance no desenvolvimento do maser e do laser. Historicamente, o laser é o resultado do MASER, que é o acrónimo de Microwave Amplification by Stimulated Emission of Radiation (amplificação de micro-ondas por emissão estimulada de radiação). O princípio do maser foi inicialmente concebido por Townes [2] e, independentemente, por Basov e Prokhorov [3]. O primeiro maser foi construído por Townes e seus alunos na Universidade de Colômbia em Nova Iorque em 1954, utilizando a inversão de população entre níveis moleculares de moléculas de amoníaco para amplificar radiação de frequência 24.000 MHz. O esquema de excitação ótica do maser foi proposto em 1955, de forma independente e quase simultânea, por Basov e Prokhorov [4] na URSS e por Bloembergen nos Estados Unidos. Em 1957, foram construídos vários masers de três níveis no estado sólido, utilizando iões paramagnéticos incorporados em cristais hospedeiros. O desafio e as dificuldades que se colocavam em 1957 foram analisados no artigo clássico de Schawlow e Townes [5], que marca o início de uma era de procura altamente competitiva de materiais laser e de processos de excitação. [th]Os níveis de energia dos átomos e das moléculas eram conhecidos em grande medida após o advento da teoria de Bohr em 1913. A chamada cavidade de ressonância, o interferómetro de Fabry-Perot, que é um dos requisitos básicos para a geração de laser, já tinha sido inventado no final do século XIX. Este interferómetro é constituído por dois espelhos rigorosamente paralelos, separados por um comprimento L, não tem paredes laterais e tem uma estrutura modal simples. Schawlow e Townes não concluíram a invenção dos lasers porque não conseguiram encontrar um material e os meios de o excitar até ao grau necessário de inversão da população. Isto foi conseguido em 1960 por Maiman [6] no Laboratório de Investigação Hughes. Deve notar-se que a ideia de emissão estimulada para produzir amplificação foi feita independentemente por Basov, Prokhorov [7], Weber [8], Fabrikan [9] e Townes [10]. Logo após a primeira produção bem sucedida de laser por Maiman, um grande número de lasers em muitas formas foi feito por diferentes trabalhadores e esses sistemas foram feitos para oscilar em centenas de frequências diferentes ao longo de uma ampla gama de espectros, desde o ultra violeta próximo até ao infravermelho. Estão também em curso trabalhos para produzir radiações coerentes em XUV e mesmo nos comprimentos de onda dos raios X e também nas regiões submilimétricas para se juntarem à região das micro-ondas. As observações de Maiman foram rapidamente alargadas por Collins Nelson, Schawlow, Bond, Gerret e Kaisser [11] em 1960, que demonstraram a coerência e a direccionalidade da radiação estimulada e amplificada e observaram também as caraterísticas da oscilação de relaxação e a amplitude da radiação de saída. Desde então, tem-se observado um comportamento semelhante num grande número de lasers de estado sólido que utilizam iões mateliais de terras raras de neodímio numa variedade de hospedeiros, sendo os mais comuns o vidro amorfo e a granada cristalina de ítrio e alumínio ($Y_3$ Al $O_{512}$ YAG). Alguns meses mais tarde, após a demonstração do laser de rubi, Sorokin e Stevenson [12] introduziram duas variedades de lasers com baixo limiar. Antes do final de 1960, Javan [13] e os seus colaboradores da Bell Telephone Laboratories anunciaram o funcionamento bem sucedido do laser de He-Ne, através da excitação de uma mistura de hélio e néon numa descarga colocada entre os espelhos do interferómetro Fabry-Perot. A pureza espetral foi da ordem de 1 parte em $10^{14}$ . A ação laser foi observada numa grande variedade de sistemas gasosos utilizando um mecanismo de excitação como a descarga. Mas o vapor de césio é uma exceção [14], uma vez que é excitado por um método ótico. Vale a pena referir que o laser de rubi é um laser de três níveis, enquanto o laser de He-Ne e muitos outros sistemas laser são lasers de quatro níveis. O conceito de maser atingiu anteriormente uma maior generalidade e uma vasta gama de aplicações quando Bloembergen [15] introduziu o conceito de masers de estado sólido de três níveis. Embora não tenha sido possível obter uma ação laser em frequências ópticas, a descrição dos princípios e operações do sistema de três níveis sugerida por Bloembergen permite uma comparação útil entre o laser e o maser. Veremos no capítulo seguinte que este sistema de três níveis introduzido por Bloembergen também encontra aplicação Lasing sem Inversão (LWI)

Outro desenvolvimento importante no domínio dos lasers ópticos é o laser de semicondutores. Os cientistas do Instituto Lebedev em Moscovo, sob a direção de Basov, introduziram e analisaram muitos dos esquemas de semicondutores e, em 1961, propuseram o laser de junção p-n [16, 17]. O desenvolvimento dos lasers de injeção teve início em 1961, quando Basov e Popov [16] propuseram a injeção de portadores numa junção semicondutora. Pouco depois, Dumke, da IBM, deu um contributo essencial. A construção efectiva dos primeiros lasers de injeção teve lugar simultaneamente e de forma independente em três laboratórios americanos: A General Electric[19], a International Business Mechines[20] e os laboratórios Lincoln[21] anunciaram o funcionamento bem sucedido dos seus lasers de junção de GaAs no início do outono de 1962. Basov foi o primeiro a propor e a analisar teoricamente e opticamente lasers de semicondutores excitados[17]. O primeiro dispositivo operacional deste tipo foi fabricado por Schlickman, Fitzgerald e Kingston no M.I.T. em 1964[22]. A história da excitação por rutura de avalanche começou em 1959, quando Basov, Vul e Popov[23] propuseram este método para a excitação de germânio e silício puros. Em 1968, Southgate [24] conseguiu finalmente obter a ação do laser num material muito diferente, o GaAs dopado com Te. A extensão das técnicas laser ao domínio dos semicondutores abriu uma nova área em que as ciências da eletrónica e da ótica se fundem. Outro desenvolvimento no domínio do laser é o facto de, em 1963, Limpicki e Samuelson[25] terem relatado a ação do laser em líquidos. A ação laser no ião árgon ($Ar^+$ ) foi observada tanto em descargas pulsadas de muito alta tensão[26,27], a muito baixa pressão, como em descargas de baixa tensão (100 Volts) a pressões mais convencionais. O laser de Ar+ é um dos mais potentes lasers de onda contínua que continua a ser amplamente utilizado. A primeira observação de uma oscilação de onda contínua numa descarga de $CO_2$ puro na ligação de rotação da vibração de 0,01 -$10^{00}$ C da molécula de $CO_2$ a 10,6 μm foi registada por Patel [28] em 1964. Posteriormente, foi desenvolvido um grande número de lasers moleculares de gás, como o laser de $N_2$ [29], o laser de $H_2$ [30], etc., e as moléculas de $Xe_2$ , $Kr_2$ ,

$Ar_2$ , etc. são designadas por excímeros - uma contração da expressão "excited dimmers" sugerida pela primeira vez por Stevens e Hutton [31]. A utilização de tais moléculas como meios laser foi apontada pela primeira vez por Houtermans [32] em 1960, embora a primeira demonstração da ação laser num sistema de excímeros só tenha sido feita em 1970 [33]. Sorokin e outros [34] foram pioneiros na observação da oscilação de pulsos laser em corantes orgânicos. Uma das vantagens importantes dos lasers de excímero é que a geração do terceiro harmónico permite deslocar o comprimento de onda do laser UV para a região VUV do espetro[35]. Em 1961, Bernard e Durraffourg[36] e Basov et.al[16] sugeriram independentemente que a emissão estimulada de fotões pode ser obtida em materiais semicondutores a partir da transmissão entre a banda de condução e a banda de valência. O período de 1960 a 1970 pode ser considerado como um período de invenção de diferentes tipos de dispositivos laser. Durante o período de 1980 a 1990, muitas experiências realizadas nos Estados Unidos [33-40] suscitaram um interesse considerável no que diz respeito à ação do laser de raios X. Até agora, a ênfase tem sido colocada nos destaques das caraterísticas essenciais da descoberta e desenvolvimento do maser ótico e do laser. Foram apresentadas muitas teorias para explicar o fenómeno do laser e do comportamento semelhante ao do laser. A teoria dos modos do interferómetro de Fabry-Perot como ressonador ótico foi desenvolvida em 1961 por Fox e Li [41] e Boyd e Gordon [42]. Estas teorias são consideradas como uma análise quase completa do trabalho de Townes e Schawlow [5]. Os padrões de feixe dos modos das cavidades foram fotografados por Kogelink e Rigord [43] enquanto que soluções numéricas para várias configurações geométricas tais como, espelhos planos rectangulares, planos circulares e espelhos parabolóides foram dadas por Fox e Li [41]. A teoria mais importante obtida neste domínio até à data é a de Lamb [44], conhecida como teoria semiclássica do laser. Esta teoria tem-se revelado muito útil e bem sucedida na explicação dos fenómenos laser em vários meios. O fenómeno bem conhecido do "Lamb Dip" foi previsto pela teoria de Lamb e, desde então, observado experimentalmente. O "Lamb Dip" é um fenómeno importante no desenvolvimento do laser, uma vez que dá origem a um novo ramo da espetroscopia de alta resolução conhecido como espetroscopia sem Doppler. Recentemente, foi estabelecida uma relação válida entre a queima de buracos espaciais na teoria semiclássica do laser e as reflexões múltiplas num interferómetro Fabry Perot. A contribuição de Haken no domínio do laser pode ser encontrada numa série de artigos [46-48] e também o trabalho paralelo dos Bell Telephone Laboratories é descrito por Louisell[49].

As caraterísticas da luz laser que a distinguem das outras fontes de luz são a sua direccionalidade, a sua elevada intensidade, a sua elevada monocromaticidade e a sua coerência. Existem alguns requisitos básicos para a geração de laser, sendo os mais importantes a emissão estimulada, a inversão de população, os estados metaestáveis, o bombeamento laser, o ganho laser e o ressonador de cavidade. O laser é mais um exemplo em que a beleza e o fascínio da física se tornam cada vez mais evidentes à medida que se segue a sua história através das várias fases de desenvolvimento. No início do desenvolvimento da ótica, havia duas teorias rivais, nomeadamente a teoria corpuscular proposta por Newton e a teoria ondulatória exposta pelo seu contemporâneo, Huygens. A teoria ondulatória foi convincentemente confirmada pela experiência da dupla fenda de Young em 1801 e pela interpretação ondulatória da difração por Fresnel em 1815. Foi-lhe então dada uma base teórica sólida com a derivação da equação da onda electromagnética por Maxwell em 1873. Assim, no final do século XIX, a teoria corpuscular foi relegada para um mero interesse histórico. A situação mudou radicalmente em 1901 com a hipótese de Planck de que a radiação do corpo negro é emitida em pacotes discretos de energia chamados quanta. Com esta hipótese, Planck conseguiu resolver o problema da catástrofe do ultravioleta, que há muitos anos intrigava os físicos. Quatro anos mais tarde, em 1905, Einstein aplicou a teoria quântica de Planck para explicar o efeito fotoelétrico. Estas ideias pioneiras lançaram as bases para as teorias quânticas da luz e dos átomos, mas não forneceram, por si só, provas experimentais diretas da natureza quântica da luz. Como já foi referido, o que elas provam de facto é que algo é quantizado, sem estabelecer definitivamente que é a luz que é quantizada. A luz é constituída por partículas chamadas fotões e, por isso, é inerentemente "granulada". No desenvolvimento progressivo da teoria da luz, podem ser claramente identificadas três abordagens gerais, nomeadamente as teorias clássica, semiclássica e quântica. É evidente que só a abordagem ótica totalmente quântica é totalmente coerente consigo própria e com o conjunto dos dados experimentais. No entanto, também é verdade que as teorias semi-clássicas são bastante adequadas para a maioria dos objectivos. Por exemplo, quando se considera pela primeira vez a teoria da absorção da luz pelos átomos, é habitual aplicar a mecânica quântica aos átomos, mas tratar a luz como uma onda electromagnética clássica. Pode surpreender o leitor o facto de existirem relativamente poucos fenómenos deste tipo. De facto, até há cerca de 40 anos, havia apenas um punhado de efeitos - principalmente os relacionados com o campo de vácuo, como a emissão espontânea e o desvio de Lamb - que exigiam realmente um modelo quântico da luz.

É útil citar Willis Lamb neste contexto

"Comece por decidir quanto do universo precisa de ser trazido para a discussão. Decidir que modos normais são necessários para um tratamento adequado. Decidir como modelar as fontes de luz e determinar como estas accionam o sistema"[50].

A ótica quântica [51-54] é a disciplina que trata dos fenómenos ópticos que só podem ser explicados tratando a luz como um fluxo de fotões e não como ondas electromagnéticas. Em princípio, o assunto é tão antigo quanto a própria teoria quântica, mas, na prática, é relativamente novo. A ótica quântica é a união da teoria quântica de campos e da ótica física. A compreensão da interação entre a luz e a matéria na sequência destes desenvolvimentos não só constitui a base da ótica quântica, como também é crucial para o desenvolvimento da mecânica quântica no seu conjunto. No entanto, a designação ótica quântica tornou-se habitual porque trata da descrição mecânica quântica da interação luz-matéria. O laser tornou-se um domínio importante da ótica quântica, e a mecânica quântica subjacente aos princípios do laser é agora estudada com mais ênfase. O domínio da ótica quântica existe devido à invenção dos lasers, há quase quatro décadas [55]. Como a ciência dos lasers necessitava de bons fundamentos teóricos, e também porque a investigação sobre estes logo se revelou muito frutuosa, o interesse pela ótica quântica aumentou. Na sequência dos trabalhos de Dirac sobre a teoria quântica dos campos, George Sudarshan, Roy J. Glauber e Leonard Mandel aplicaram a teoria quântica ao campo eletromagnético nas décadas de 1950 e 1960 para compreender melhor a foto-deteção e as estatísticas da luz. Isto levou à introdução do estado coerente como uma descrição quântica da luz laser e à compreensão de que alguns estados da luz não podiam ser descritos com ondas clássicas. Em 1977, Kimble et al. demonstraram a primeira fonte de luz que exigia uma descrição quântica: um único átomo que emitia um fotão de cada vez. Esta foi a primeira prova conclusiva de que a luz era constituída por fotões. Um outro estado quântico da luz com certas vantagens em relação a qualquer estado clássico, a luz comprimida, foi rapidamente proposto. Ao mesmo tempo, o desenvolvimento de impulsos laser curtos e ultracurtos - criados por técnicas de comutação Q e de bloqueio de modo - abriu caminho ao estudo de processos inimaginavelmente rápidos. Foram encontradas aplicações para a investigação do estado sólido e foram estudadas as forças mecânicas da luz sobre a matéria. Este último levou à levitação e ao posicionamento de nuvens de átomos ou mesmo de pequenas amostras biológicas numa armadilha ótica ou numa pinça ótica através de um feixe laser. Este método, juntamente com o arrefecimento Doppler, foi a tecnologia crucial necessária para obter a célebre condensação de Bose-Einstein. Outros resultados notáveis são a demonstração do emaranhamento quântico, o teletransporte quântico e as portas lógicas quânticas. Estas últimas são de grande interesse na teoria da informação quântica, um tema que surgiu em parte da ótica quântica e em parte da informática teórica. Atualmente, os domínios de interesse dos investigadores em ótica quântica incluem a conversão paramétrica descendente, a oscilação paramétrica, impulsos de luz ainda mais curtos, a utilização da ótica quântica para a informação quântica, a manipulação de átomos individuais, os condensados de Bose-Einstein, a sua aplicação e a forma de os manipular, os absorventes coerentes perfeitos e muito mais. A investigação em ótica quântica, que visa a utilização de fotões para a transferência de informação e a computação, é agora frequentemente designada por fotónica, para sublinhar a pretensão de que os fotões e a fotónica assumirão o papel que os electrões e a eletrónica têm atualmente. Está na base de grande parte da ciência dos lasers e da nova física atómica. Poderá mesmo ser o veículo através do qual poderemos concretizar toda uma nova tecnologia em que a mecânica quântica permite o processamento e a transmissão de informação de uma forma totalmente inovadora. Mas, evidentemente, o que quer que seja que possamos prever agora será confundido pelo inesperado, o domínio continua a ser uma aventura que lança repetidamente o inesperado. O estudo da coerência atómica e da interferência quântica é um tema de interesse atual na ótica quântica e na física do laser. Apresenta-se de seguida um mapa para representar a extensão da ótica quântica.

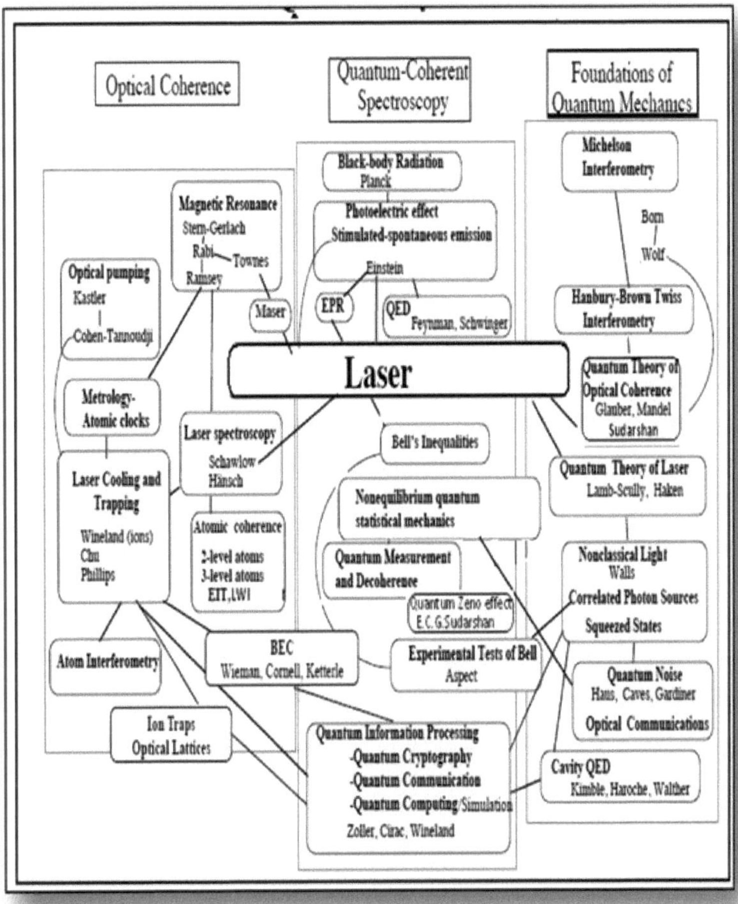


Fig1.1: Mapa da Ótica Quântica

### 1.3 Lasing sem inversão:

A interferência quântica é um princípio desafiante da teoria quântica. Essencialmente, o conceito afirma que as partículas elementares podem não só estar em mais do que um lugar num dado momento (através da sobreposição), mas que uma partícula individual, como o fotão, pode atravessar a sua própria trajetória e interferir com a direção do seu caminho. O debate sobre se a luz é essencialmente uma partícula ou uma onda remonta a mais de trezentos anos. No século XVII, Sir Isaac Newton (1642-1726) proclamou que a luz era constituída por partículas. No início do século XVII, Christian Huygens (1629-1695) enunciou um princípio de funcionamento conveniente para descrever a forma como o progresso da frente de onda primária de uma fonte de luz se deve à geração de ondas secundárias a partir de cada ponto da frente de água primária. Thomas Young concebeu a experiência da dupla fenda para provar que a luz era constituída por ondas. Embora as implicações da experiência de Young sejam difíceis de aceitar, esta produziu de forma fiável provas da interferência quântica através de ensaios repetidos. Segundo Feynman, cada fotão não só passa simultaneamente pelas duas fendas, como percorre todas as trajectórias possíveis até ao alvo, não só em teoria, mas de facto. Para ver como isto pode acontecer, as experiências têm-se concentrado em seguir as trajectórias de fotões individuais. O que acontece neste caso é que a medição perturba de alguma forma as trajectórias dos fotões (de acordo com o princípio da incerteza) e, de alguma forma, os resultados da experiência tornam-se o que seria previsto pela física clássica. Do que foi descrito acima, é evidente que o princípio da incerteza está envolvido na explicação do fenómeno de interferência e, por conseguinte, o fenómeno é mais apropriadamente designado por interferência quântica. A investigação sobre a interferência quântica está a ser aplicada num número crescente de aplicações, tais como o dispositivo de interferência quântica de supercondutividade (SQUID), a criptografia quântica, a computação quântica, o batimento quântico, o efeito Hanle, a transparência auto-induzida e o Lasing sem inversão ou laser de interferência quântica. Uma das questões centrais das técnicas laser modernas é a geração de um laser no domínio dos raios X. Recentemente, uma atenção considerável tem sido dirigida para o estudo do lasing sem a necessidade de inversão de população, potencialmente capaz de alargar a gama de dispositivos laser a uma região espetral em que a inversão de população é difícil. Vários trabalhos teóricos e artigos de revisão têm discutido este fenómeno de Lasing sem inversão [53, 56-61] e algumas experiências de demonstração também foram relatadas [62]. Embora o foco inicial da maioria dos trabalhos tenha sido a identificação de átomos e parâmetros de campo adequados que produzissem amplificação de campo sem inversão de população, trabalhos posteriores investigaram as propriedades estatísticas quânticas da radiação de lasers sem inversão [63, 64]. O conceito de laser sem inversão ou laser de interferência quântica é, comparativamente, de origem recente, tendo sido estudados vários modelos de LWI nos últimos anos, baseados em sistemas atómicos de dois, três e quatro níveis [64, 65-74]. Nos lasers convencionais, a maior parte dos fotões emitidos são normalmente perdidos por alguns processos. Por conseguinte, pode ser considerado um processo insuficiente, mas no LWI a maioria dos fotões é utilizada e a ação lasing é obtida sem inversão da população. A ideia central do laser, segundo a qual a inversão da população é uma obrigação, não se aplica à LWI. O princípio básico da LWI é que o cancelamento da absorção permite obter uma amplificação da luz mesmo que a população do nível superior seja inferior à população do nível inferior. Isto vai contra o dogma habitual da física. Nos capítulos que se seguem, discutiremos em pormenor os princípios da lasing sem inversão.

### 1.4 Efeito Zeno quântico:

O paradoxo do zeno quântico diz respeito ao fenómeno de inibição das transições entre estados quânticos por medições frequentes. O termo foi originalmente introduzido por E.C.G.Sudarshan [75] e pode ser aplicado para explicar várias transições que foram observadas experimentalmente. Com base na teoria quântica habitual da medição envolvendo operadores de projeção, Sudarshan mostrou que uma partícula instável que fosse continuamente observada para ver se decaía nunca o faria. Mais tarde, vários autores [76, 77] estudaram o problema e generalizaram a perturbação introduzida num sistema quântico por uma medição efectuada à inibição de transições ou saltos quânticos à medida que a frequência de observação ou medição era aumentada. Este comportamento dinâmico é amplamente conhecido como Paradoxo de Zeno Quântico ou Efeito de Zeno Quântico. O efeito zeno quântico é definido como uma classe de fenómenos em que a transição é suprimida por uma interação que produz um estado que pode ser interpretado como indicando "uma transição ainda não ocorreu" ou "uma transição já ocorreu". O efeito Zeno Quântico deve o seu nome ao filósofo Zeno. Recentemente, foi dada uma atenção renovada a este problema desde que Itano, Heinzen, Bolinger e Wineland [78-80] conseguiram observar experimentalmente este efeito. No presente artigo descrevemos as caraterísticas essenciais associadas ao maser de três níveis originalmente proposto por Bloembergen [81] e uma possível ligação com o paradoxo de Zeno. O paradoxo de Zeno em sistemas quânticos foi posto em evidência em 1960 por Leonid A Khalfin, trabalhando na antiga URSS, e por E.C.G.Sudarshan e B.Mishra trabalhando nos EUA durante a década de 1970. O nome "paradoxo de Zeno quântico" foi dado por

E.C.G.Sudarshan e B.Mishra [75] ao fenómeno de inibição de transições entre estados quânticos por medições frequentes [82-86]. Nos capítulos seguintes discutiremos o efeito Zeno quântico em sistemas de três níveis e o lasing sem inversão.

## 1.5 Transparência electromagnética induzida e transparência auto-induzida:

O fenómeno da transparência electromagnética induzida é um mecanismo importante e tem desempenhado um papel vital no desenvolvimento do conceito de lasing sem inversão. A transparência electromagnética induzida é uma técnica que permite eliminar o efeito de um meio na propagação de um feixe de radiação electromagnética. As bases da IET foram lançadas por Kocharovskaya e Khanin [87] em 1988 e, independentemente, por Steven Harris da Universidade de Stanford em 1989 [88]. Outra das estranhas interações entre a luz e a matéria é a Transparência Electromagneticamente Induzida (TIE). A teoria da TIE diz: propague um feixe de laser através de um meio e ele será absorvido; propague dois feixes de laser através desse mesmo meio e nenhum deles será absorvido. Um truque literal da luz transforma um meio opaco num meio transparente. No entanto, a magia não se fica por aqui, pois a IET pode ser utilizada para fazer com que os meios se comportem de formas bastante inesperadas, algumas das quais serão investigadas nesta tese. Um dos principais impulsos para trabalhar na IET é outro fenómeno contra-intuitivo chamado Lasing sem Inversão, um processo pelo qual a ação do laser é conseguida sem a necessidade da condição de inversão da população. De facto, o Lasing sem Inversão parece violar a segunda lei da termodinâmica! No entanto, pode ser conseguido, embora não sem alguma dificuldade. Do ponto de vista da EIT, a essência do laser sem inversão é direta. Existe um outro mecanismo para criar transparência, designado por transparência auto-induzida (SIT). O fenómeno da transparência auto-induzida [SIT] para impulsos electromagnéticos num meio magnético foi analisado e demonstrado pela primeira vez no laboratório por McCall e Hahn [89].

## Absorção, Lasing com inversão e Lasing sem inversão

### 2.1 Introdução:

O fenómeno que constitui o objeto do presente capítulo é um fenómeno importante da ótica quântica. Designamo-lo por interferência quântica e lasing sem inversão. No capítulo anterior, fizemos um levantamento do desenvolvimento histórico das nossas ideias associadas ao laser e à ótica quântica. A descrição apresentada neste capítulo fornece uma base de exploração de algumas ideias e inferências sobre a natureza do próprio objeto de estudo.

Antes de se abordar o tema do lasing sem inversão, convém descrever o conceito fundamental do lasing com inversão. Para o efeito, vale a pena discutir o conceito de emissão estimulada e a derivação de Einstein da fórmula de Planck para a radiação de corpo negro. É também necessário discutir os fenómenos de absorção estimulada (ou simplesmente absorção) e de emissão espontânea.

O fenómeno da "absorção" é de importância fundamental na nossa discussão sobre o lasing sem inversão. A absorção é um termo geral utilizado para exprimir a atenuação de uma onda electromagnética quando esta passa através de um meio. Mas é preciso sublinhar que, ao explicar as linhas escuras acentuadas nos espectros de Franhaufer ou em qualquer outro espetro, notámos que as linhas são frequências caraterísticas dos átomos, iões ou espécies neutras. A radiação electromagnética contínua, ao passar pelo meio, atenua completamente as partes da energia que correspondem exatamente à diferença de energia correta ou à frequência caraterística do átomo. A razão pela qual isto acontece deve ser explicada considerando as frequências ressonantes que ocorrem no fenómeno de dispersão.

As equações de dispersão são escritas como [90]

$$n = 1 + \frac{q_e^2}{2\varepsilon_o m}\sum_k \frac{\mathrm{N}_k}{\omega_k^2 - \omega^2 + i\gamma_k\omega} \qquad (2.1)$$

Onde $n$ - índice de refração

$q_e$ -carga no eletrão

$\omega$ -frequência ressonante de um eletrão ligado a um átomo

$m$ -massa do eletrão

Aqui considerou-se que existem $N_k$ electrões por unidade de volume, cuja frequência natural é $\omega_k$ e o seu fator de amortecimento é $\gamma_k$ .

É uma expressão completa que descreve o índice de refração que se observa em muitas substâncias. O índice descrito por esta fórmula varia com a frequência aproximadamente como a curva mostrada na Fig 2.1.

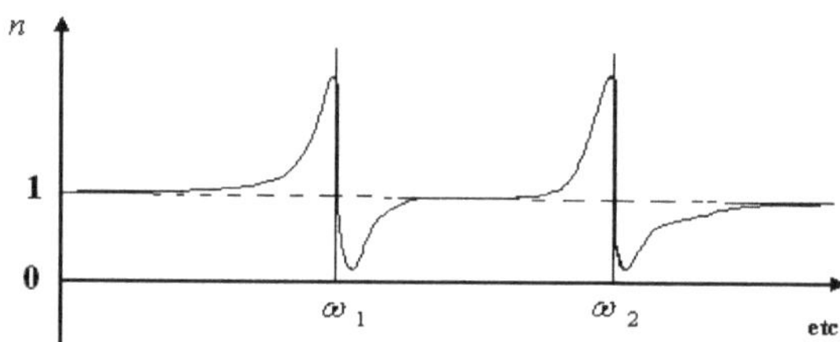


**Fig 2.1 Índice de refração em função da frequência**

Pode notar-se que, desde que $\omega$ não esteja demasiado próximo de uma das frequências de ressonância, o declive da curva é positivo. Este declive positivo é designado por dispersão normal. No entanto, muito perto das frequências de ressonância, existe uma pequena gama de $\omega$ 's para a qual o declive é negativo. Este declive negativo é muitas vezes referido como dispersão anómala, porque parecia invulgar quando foi observado pela primeira vez, muito antes de alguém saber que existiam coisas como electrões. Ambos os declives são normais de acordo com Feynman [90]

Normalmente, por exemplo, no vidro, a absorção da luz é muito pequena. Isto é de esperar da equação (2.1) porque a parte imaginária do denominador, $i\gamma_k\omega$ , é muito mais pequena do que o termo $\omega_k^2 - \omega^2$ . Mas se a frequência da luz $\omega$ for muito próxima de $\omega_k$ , então o termo de ressonância $\omega_k^2 - \omega^2$ pode tornar-se pequeno em comparação com $i\gamma_k\omega$ e o índice torna-se quase completamente imaginário. A absorção da luz torna-se o efeito dominante. É precisamente este efeito que dá origem às linhas escuras no espetro da luz que recebemos do Sol. A luz da superfície solar passou pela atmosfera do Sol e foi fortemente absorvida nas frequências de ressonância dos átomos da atmosfera solar. A observação destas linhas espectrais na luz solar permite-nos conhecer as frequências de ressonância dos átomos e, consequentemente, a composição química da atmosfera solar. O mesmo tipo de observações permite-nos conhecer os materiais existentes nas estrelas. A partir destas medições, sabemos que os elementos químicos no Sol e nas estrelas são os mesmos que encontramos na Terra.

O fenómeno da emissão espontânea só pode ser completamente compreendido com a ajuda da teoria quântica. Na secção 2.5, mostraremos como a chamada energia residual $\frac{1}{2}\hbar\Omega$ ou a energia do ponto zero e a flutuação associada podem ser consideradas como "estimulando" um átomo excitado a emitir espontaneamente. Passamos agora a discutir a derivação da fórmula de Einstein para a radiação de corpo negro de Planck, antes de prosseguirmos com a discussão dos fenómenos de LWI.

## 2.2 Emissão estimulada, inversão de população e derivação de Einstein da radiação de corpo negro:

Einstein assumiu que a fórmula da radiação de Planck estava correta e utilizou-a para obter novas informações, até então desconhecidas, sobre a interação da radiação com a matéria. Einstein, em 1917, revelou que esta fórmula pode ser explicada em termos de conjuntos de átomos com níveis de energia discretos de várias frequências, desde que a emissão espontânea esteja envolvida juntamente com o processo de emissão estimulada e os níveis de energia superior e inferior sejam preenchidos de acordo com a distribuição de Boltzmann. A discussão de Einstein foi a seguinte

Considere dois dos muitos níveis de energia de um átomo, o nível 2 e o nível 1, como mostra a Fig. 2.2.

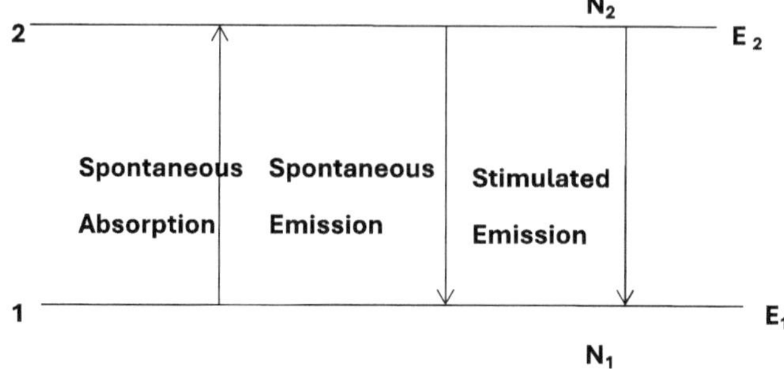


**Fig. 2.2 Dois níveis que representam três processos de transição eletrónica**

Einstein supôs uma cavidade com paredes fechadas em equilíbrio térmico na qual existem fotões de energia $\hbar\omega$ , átomos $N_1$ no estado fundamental $E_1$ e átomos $N_2$ no estado excitado $E_2$ . A densidade de fotões é especificada em $\rho_\omega$ como mostra a Fig. 2.3.

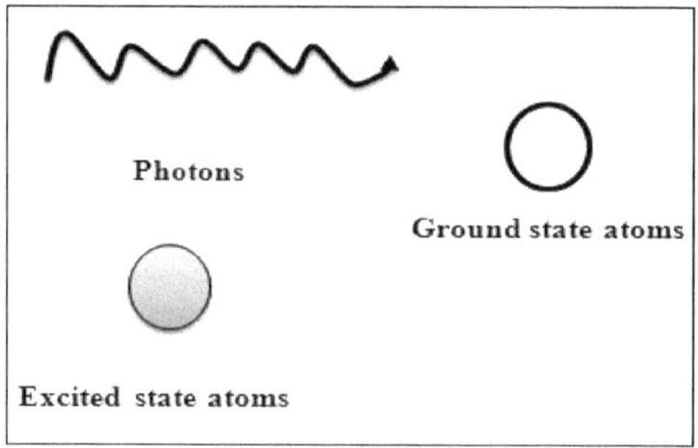


**Fig 2.3 Cavidade em equilíbrio térmico**

Quando uma luz de frequência adequada incide sobre os átomos, estes podem absorver esse fotão de luz e fazer uma transição do estado 1 para o estado 2, dependendo a probabilidade desta ocorrência da intensidade da luz, que é indicada pela constante de proporcionalidade $B_{12}$ . Esta constante também depende de um determinado par de níveis. Agora, no caso da emissão do nível 2 para o 1, Einstein propôs que há duas maneiras de o fazer. O primeiro processo é conhecido como emissão espontânea. Neste processo de emissão, mesmo que não houvesse luz presente, haveria alguma probabilidade de um átomo no estado excitado voltar ao estado fundamental emitindo um fotão. É análoga à ideia de que um oscilador com uma certa quantidade de energia, mesmo na física clássica, não guarda a energia mas irradia-a. A probabilidade neste caso é dada pela probabilidade de um átomo voltar ao estado fundamental. A probabilidade neste caso é dada por uma constante $A_{21}$ que depende novamente dos níveis, pois desce de 2 para 1 e esta probabilidade é independente do facto de o átomo ser iluminado ou não. Mas Einstein foi mais longe e, por comparação com a teoria clássica e por outros argumentos, concluiu que a situação se modifica quando os tempos de decaimento atómico são suficientemente longos e a radiação suficientemente forte, pois então a radiação pode cair nos átomos excitados, resultando em emissão estimulada em vez de absorção. A probabilidade neste caso é $B_{21}$ . Assim, de acordo com Einstein, existem três tipos de processos. São eles a absorção proporcional à radiação incidente, a emissão proporcional à radiação incidente, conhecida como emissão estimulada, e a emissão independente da intensidade da radiação incidente, conhecida como emissão espontânea.

O número de átomos que passam de 1 para 2 é o número de átomos que estão no nível de energia 1 vezes a taxa por segundo que, se um está no estado 1, passa para o estado 2. Assim temos uma relação para o número que passa de 1 para 2.

$$R_{12} = N_1 B_{12} \rho(\omega) \qquad (2.2)$$

Em caso de emissão espontânea, o número de átomos que passarão do estado 2 para o 1 é

$$R_{12} = N_1 A_{21} \rho(\omega) \qquad (2.3).$$

Da mesma forma, o número de que passará do estado 2 para 1 por segundo em caso de emissão estimulada é

$$R'_{12} = N_1 B_{21} \rho(\omega) \qquad (2.4)$$

Agora vamos assumir que, em equilíbrio térmico, o número de átomos que sobem deve ser igual ao número de átomos que descem. Esta é, pelo menos, uma forma de garantir que o número de átomos se mantém constante em cada nível. Este princípio de que cada processo deve, no equilíbrio térmico, ser equilibrado pelo seu exato oposto é chamado o princípio do equilíbrio detalhado. Assim, de acordo com o princípio do equilíbrio detalhado, podemos escrever

$$N_2 B_{21} \rho(\omega) + N_2 A_{21} = N_1 B_{12} \rho(\omega) \tag{2.5}$$

Também temos outra informação que é o tamanho de $N_2$ em comparação com $N_1$ . O rácio entre estes dois é dado por

$$\frac{N_2}{N1} = \exp[-(E_2 - E_{1)/} kT]$$

(2.6)

Nesta fase, Einstein assumiu que a única luz que é eficaz para efetuar a transição de 1 para 2 é a luz que tem a frequência correspondente à diferença de energia, ou seja, $E_2 - E_1 = \hbar\omega$ , pelo que temos $N_2 = N_1 \exp(-\hbar\omega / kT)$ . A equação (2.5) deve ser válida para qualquer temperatura e obtemos a solução para $\rho(\omega)$ como

$$\rho(\omega) = \frac{A_{21}}{B_{12} \exp(\hbar\omega / kT) - B_{21}} \tag{2.7}$$

Mas a distribuição espetral da radiação do corpo negro é dada pela fórmula descoberta por Planck. Portanto, podemos deduzir que $B_{12}$ deve ser igual a $B_{21}$ , caso contrário não podemos obter a expressão $\exp(\hbar\omega / kT) - 1$ . Assim, Einstein descobriu algo que não sabia como calcular, nomeadamente que a probabilidade de emissão induzida deve ser igual. Isto é um pouco estranho. No entanto, observamos que os termos $N_2 = N_1$ e $B_{12} = B_{21}$ são iguais, pelo que temos da equação (2.5)

$$\rho(\omega) = \frac{A}{B} \frac{1}{\exp(\hbar\omega / kT) - 1} \tag{2.8}$$

Obtém-se assim a fórmula de Planck (1), desde que o rácio entre o coeficiente espontâneo e o coeficiente estimulado seja dado por

$$\frac{A}{B} = \frac{\hbar\omega^3}{\pi^2 c^3} \tag{2.9}$$

É a energia por fotão $\hbar\omega$ multiplicada pela densidade de modos por unidade de volume entre $\omega$ e $\omega + d\omega$ . Se considerarmos (2.9) como um facto experimental, podemos derivar a constante de velocidade espontânea $A$ . É de notar que, se tivéssemos eliminado o termo de emissão estimulada $B_{21}N_2\rho(\omega)$ na equação (2.5) em equilíbrio, teríamos obtido a densidade de radiação como

$$\rho(\omega) = \frac{A}{B}\exp[-\hbar\omega / kT] \tag{2.10}$$

Que $\frac{A}{B}$ é dada pela equação (2.9) é a lei de Wien. Esta fórmula está de acordo com a fórmula de Planck observada experimentalmente $u(\omega) = \frac{\hbar\omega^3}{\pi^2 c^3}\frac{1}{\exp\hbar\omega / kT - 1}$ para $\frac{\hbar\omega}{kT} \rangle 5$ para, mas difere para valores pequenos. Além disso, observamos na equação (2.9) que o fator $\frac{A}{B}$ é proporcional a $\omega^3$ . Assim, considera-se que a emissão espontânea é consideravelmente mais importante nas frequências ópticas do que nas radiofrequências.

A possibilidade de emissão estimulada foi considerada como tendo aplicações interessantes em diversos domínios da investigação científica. Se estiver presente uma radiação intensa e ***correta***, esta induzirá uma transição para baixo. A transição adiciona $\hbar\omega$ à energia luminosa disponível, se existirem alguns átomos no estado superior. Agora podemos obter, por um método não térmico, um gás onde o número de átomos excitados é muito maior do que o número de átomos no estado fundamental. Esta é uma situação de não equilíbrio e não é dada pela equação (2.6). Neste caso, a luz que tem uma frequência correspondente à diferença de energia $E_2 - E_1 = \hbar\omega$ não será fortemente absorvida. Por outro lado, induzirá a emissão a partir do estado superior. Assim, se tivéssemos um grande número de átomos no estado superior, haveria uma espécie de reação em cadeia em que, no momento em que os átomos começassem a emitir, mais átomos seriam provocados a emitir. Isto é o que é conhecido como laser. Assim, verificamos que o primeiro requisito para a ação do laser é que os níveis de energia em causa não estejam em equilíbrio térmico c que o nível superior dos dois níveis esteja mais povoado do que o nível inferior, o que se designa por inversão da população.

Podem ser utilizados vários truques para obter átomos em 2 estados (excitados). Pode haver níveis mais elevados a que os átomos podem chegar se fizermos incidir um forte feixe de luz de alta frequência. A partir destes níveis elevados, os átomos podem ir emitindo vários fotões, até ficarem todos presos no estado 2. Se tiverem tendência a ficar no estado 2 sem emitir, o estado chama-se metaestável. E então todos eles são amortecidos pela emissão induzida. Mais um aspeto técnico: se colocássemos este sistema numa caixa normal, ele irradiaria espontaneamente em tantas direcções diferentes, em comparação com o efeito induzido, que continuaríamos a ter problemas. Mas podemos aumentar o efeito induzido, aumentar a sua eficiência, colocando espelhos quase perfeitos em cada lado da caixa, para que a luz emitida tenha outra oportunidade, outra oportunidade e outra oportunidade de induzir mais emissão. Embora os espelhos reflictam quase cem por cento, há uma ligeira transmissão do espelho, e um pouco de luz sai. No final, é claro que, devido à conservação da energia, todas as luzes se apagam numa direção reta e uniforme, o que faz com que o feixe de luz forte que é possível obter com o laser.

Existem vários esquemas para criar a inversão da população. A ação do laser ocorre basicamente entre dois estados. Num sistema atómico em que o nível inferior do laser decai muito rapidamente por radiação para um conjunto de níveis que não o nível fundamental e em que o nível superior está opticamente ligado ao estado fundamental, a situação é ideal para a excitação por impacto de electrões. É universalmente aceite que um laser necessita de inversão de população. Isto deve-se ao facto de a absorção do nível inferior ser um fator importante. A inversão de população é necessária para ultrapassar esta absorção.

**2.3 Interferência quântica**

A interferência quântica é um princípio desafiante da teoria quântica. Essencialmente, o conceito afirma que as partículas elementares podem não só estar em mais do que um lugar num dado momento (através da sobreposição), mas que uma partícula individual, como o fotão, pode atravessar a sua própria trajetória e interferir com a direção do seu caminho. O debate sobre se a luz é essencialmente uma partícula ou uma onda remonta a mais de trezentos anos. No século XVII, Sir Isaac Newton (1642-1726) proclamou que a luz era constituída por partículas. No início do século XVII, Christian Huygens (1629-1695) enunciou um princípio de funcionamento conveniente para descrever como o progresso da onda primária a partir de uma fonte de luz se deve à geração de ondas secundárias a partir de cada ponto da frente da onda primária. Thomas Young concebeu a experiência da dupla fenda para provar que a luz era constituída por ondas. Embora as implicações da experiência de Young sejam difíceis de aceitar, esta produziu de forma fiável provas da interferência quântica [91-100] através de ensaios repetidos.

Em 1801, Thomas Young, um físico inglês, demonstrou pela primeira vez os efeitos de interferência da luz. A experiência original realizada por Young é apresentada esquematicamente na Fig.2.4. Deixou passar a luz solar através de um orifício S e depois através de dois orifícios $S_1$ e $S_2$ colocados equidistantes de S e próximos um do outro. De $S_1$ saem ondas esféricas com a mesma amplitude e o mesmo comprimento de onda e $S_2$ expande-se no espaço. Os dois conjuntos de ondas esféricas que saem dos dois orifícios interferem entre si de modo a formar um padrão simétrico de bandas coloridas (de interferência) de intensidade variável no ecrã colocado à direita de $S_1$ e $S_2$ . Este padrão simétrico de bandas coloridas chama-se franjas de interferência.

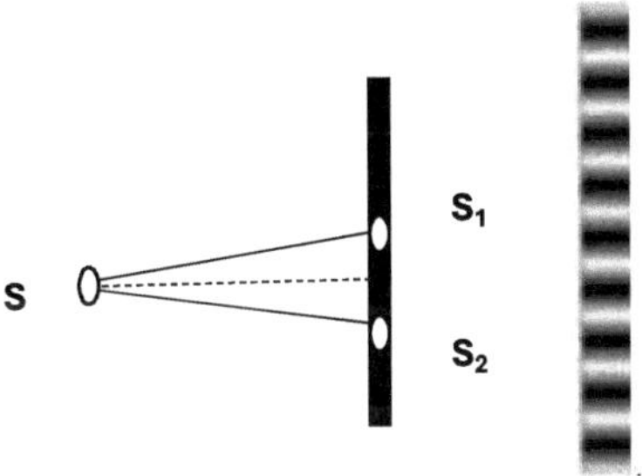


**Fig 2.4 Experiência de dupla fenda de Young**

Segundo Feynman, os elementos essenciais da mecânica quântica podem ser apreendidos a partir de uma explicação da experiência da dupla fenda. No problema da dupla fenda, se uma fenda estiver tapada, o padrão é o que seria de esperar - uma única linha de luz, alinhada com a fenda que estiver aberta. Seria de esperar que, se ambas as fendas estiverem abertas, o padrão da luz reflectisse o facto de duas linhas de luz estarem alinhadas com as fendas. Na realidade, porém, o que acontece é que a chapa fotográfica é totalmente separada em várias linhas com intensidades alternadas de luz e escuridão. Isto é o que se chama interferência, que ocorre entre ondas ou partículas que atravessam a fenda, no que aparentemente deveriam ser duas trajectórias que não se cruzam. Seria de esperar que, se o feixe de fotões fosse suficientemente lento para garantir que os fotões individuais atingissem a placa fotográfica, não haveria interferência e o padrão de luz seria constituído por duas linhas de luz, alinhadas com as fendas. Na realidade, porém, o padrão resultante continua a indicar interferência, o que significa que, de alguma forma, as partículas individuais estão a interferir com elas próprias. Isto parece impossível, pois esperamos que um único fotão passe por uma ou outra fenda e acabe numa das duas áreas possíveis de linhas de luz. Mas não é isto que acontece, segundo Feynman [91], cada fotão não só passa pelas duas fendas simultaneamente como percorre todas as trajectórias possíveis a caminho do alvo, não só em teoria, mas de facto. Para ver como isto pode acontecer, as experiências têm-se concentrado em seguir as trajectórias de fotões individuais. O que acontece neste caso é que a medição perturba de alguma forma as trajectórias dos fotões (de acordo com o princípio da incerteza) e, de alguma forma, os resultados da experiência tornam-se o que seria previsto pela física clássica. Se, em vez de um feixe de luz, enviássemos um feixe de electrões para este sistema de dupla fenda, a instalação seria cuidadosamente organizada de modo a que, dos electrões que chegassem ao ecrã de deteção, exatamente 50% tivessem vindo da fenda. Em primeiro lugar, verificou-se que os electrões são verdadeiras partículas pontuais: os que atravessam o sistema de dupla fenda e chegam ao écran de deteção, chegam a um lugar e apenas a um lugar nesse écran.

Se fechássemos uma fenda e esperássemos algum tempo para permitir que um grande número de electrões chegasse ao ecrã de deteção, a distribuição dos electrões seria semelhante à mostrada na Fig. 2.5. O padrão de intensidade está um pouco espalhado, presumivelmente porque alguns dos electrões estão dispersos nos bordos da fenda. Note-se que, como era de esperar, o centro do padrão de intensidade se situa num ponto da linha de visão direta de regresso ao forno de electrões e está ligeiramente deslocado do centro exato do ecrã de deteção.

De forma semelhante, se fechássemos o outro orifício e abríssemos o primeiro durante o mesmo período de tempo, seria de esperar que o padrão de intensidade tivesse uma forma idêntica à do primeiro caso, mas deslocado uma quantidade igual para o outro lado do centro do ecrã de deteção.

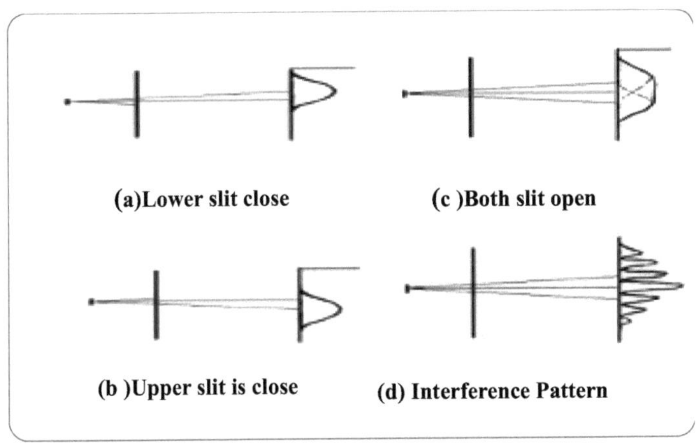


**Fig 2.5 Padrão de intensidade na experiência de dupla fenda de Young**

Então, se ambas as fendas fossem deixadas abertas durante o mesmo período de tempo, o que esperaríamos? Obviamente, se os electrões fossem partículas clássicas, esperaríamos que o padrão de intensidade total fosse simplesmente a soma dos dois padrões de intensidade anteriores, como mostra a figura [2.5 (a), (b), (c) e (d)].

Surpreendentemente, não é de todo isto que observamos. De facto, o padrão de intensidade observado mostra bandas de interferência, muito semelhantes às produzidas pela passagem da luz através da dupla fenda. Há lugares no ecrã de deteção onde não há electrões e outros lugares onde há mais electrões do que o número que seria de esperar pela simples adição das contribuições de cada fenda actuando isoladamente. O que é surpreendente é que os electrões, que chegam individualmente como "partículas", o fazem de modo a formar um padrão de intensidade que só podemos entender em termos de "ondas". Com efeito, utilizando a teoria muito simples das ondas que descreve a experiência de dupla fenda para as ondas, obtemos uma descrição completa de todo o padrão de intensidade desta experiência de dupla fenda para os electrões. Podemos estar preocupados com a possibilidade de estar a ocorrer algum tipo de efeito de interferência entre diferentes electrões à medida que atravessam o sistema experimental. Para verificar isso, poderíamos reduzir a intensidade do feixe de electrões de modo a que, de cada vez, houvesse apenas um eletrão no sistema. Mas como pode cada eletrão "saber" onde é suposto ir parar, uma vez que a experiência nos diz que isso depende apenas do facto de uma ou ambas as fendas estarem abertas. Assim, é possível que o eletrão se divida e passe pelos dois orifícios ao mesmo tempo, recombinando-se antes de chegar ao ecrã de deteção. Para verificar isto, podemos conceber um aparelho para verificar se os electrões passam por uma fenda ou pela outra, ou por ambas, quando ambas as fendas estão abertas. Agora podemos ver por que fenda passam os electrões. Verifica-se que, de facto, os electrões passam sempre por uma ou outra fenda. No entanto, para nossa consternação, verificámos que, quando estamos a fazer esta observação, o padrão de interferência desaparece.

Suponhamos que temos uma pequena luz colocada atrás do sistema de dupla fenda. Se um eletrão for atingido, o fotão é desviado para os nossos olhos, observamos o eletrão e podemos determinar a sua posição. Talvez tenhamos tantos fotões à nossa volta que, de alguma forma, estejam a interferir com o "caminho" dos electrões. No entanto, podemos reduzir a intensidade da fonte de luz para verificar isso. Se reduzirmos demasiado a intensidade, começaremos a perder alguns dos electrões, porque não há suficientes para garantir que todos os fotões são atingidos e, portanto, observados. Se olharmos para a distribuição dos electrões que nos escapam, o padrão de interferência é novamente observado. No entanto, para os electrões que podemos determinar que atravessaram, não se observa qualquer padrão de interferência. Talvez possamos sugerir que os fotões que estamos a utilizar nesta experiência são demasiado energéticos, pelo que o seu impacto nos electrões frágeis é demasiado grande. Bem, podemos reduzir o seu impacto reduzindo o seu momento, uma vez que o seu comprimento de onda é inversamente proporcional ao momento, o que significa que aumentamos o seu comprimento de onda. De facto, à medida que aumentamos o comprimento de onda dos fotões observadores, começamos a notar que o padrão de interferência se restabelece. No entanto, para nosso desânimo, é precisamente nessa altura que descobrimos que a nossa resolução se tornou fraca e que a nossa capacidade de determinar por que fenda passaram os electrões desaparece.

Nas palavras de Richard Feynman (em The Character of Physical Law. (MIT Press)): ***"Se tivermos um aparelho que seja capaz de dizer por que buraco passa o eletrão.... Então pode dizer-se que ou passa pelo buraco ou pelo outro. E passa; está sempre a passar pelo buraco ou pelo outro - quando se olha. Mas quando não se tem um aparelho para determinar por que orifício passa o eletrão, não se***

***pode dizer que passa por um orifício ou por outro.... Concluir que passa por um buraco ou por outro quando não se está a olhar é produzir um erro de previsão. Esta é a corda bamba lógica sobre a qual temos de caminhar se quisermos interpretar a Natureza."***

Pode pensar-se que a nossa incapacidade de fixar o eletrão numa ou noutra fenda, ao mesmo tempo que observamos o padrão de interferência, se deve simplesmente ao facto de a nossa observação do sistema o perturbar demasiado. Há de facto alguma verdade nisto, a maioria dos cientistas modernos aceitaria agora que a velha ideia de que o observador pode estar fora da natureza para a observar já não é sustentável. No entanto, há algo ainda mais profundo aqui, pois se tivéssemos qualquer método para determinar através de que fenda veio cada eletrão, a lógica simples insistiria que a distribuição observada seria simplesmente a soma das distribuições de electrões de cada fenda, tomadas separadamente. Ou seja, deveríamos observar como mostra a Fig. 2.5.(c) em vez de como mostra a Fig. 2.5.(d). A natureza seria então colocada num paradoxo irresolúvel. Assim, a implicação aqui é que, de facto, o futuro é imprevisível, nunca podemos prever por que fenda o eletrão vai passar. O fenómeno que aqui aparece também se verifica no contexto da nanofísica. Por exemplo, a imagem de qualquer objeto formado na superfície imóvel da água pode ser vista de forma bela, a menos que seja perturbada. Se cessarmos a nossa tentativa de perturbação, a imagem é restaurada. Isto é bastante análogo ao que foi descrito acima em relação ao fenómeno de interferência. A experiência da dupla fenda está no centro dos fundamentos conceptuais da mecânica quântica. Um exame atento da exposição padrão revela vários erros conceptuais e ambiguidades, principalmente devido à confusão entre a amplitude do campo eletromagnético e a amplitude da função de onda da mecânica quântica. Mostra-se que esta exposição padrão da experiência de dupla fenda é incorrecta porque trata a interferência como decorrente da função de onda do fotão $\psi$ , quando a interferência é realmente entre estados coerentes do campo, que não correspondem a estados de um único fotão.

A interferência quântica é uma consequência direta do princípio da incerteza de Heisenberg, que estabelece limites claros para o que podemos observar. Este princípio implica um limite interno e inevitável para a precisão com que podemos efetuar medições. É verdade que perturbamos a temperatura que queremos medir introduzindo nela um termómetro frio, pelo que a temperatura que medimos não é exatamente a do copo. No entanto, em princípio, podemos eliminar este erro, medindo com termómetros cada vez mais pequenos e extrapolando para o tamanho zero, pelo que, em princípio, podemos medir com uma precisão arbitrariamente elevada. Isto não é possível no mundo quântico, graças ao princípio da incerteza de Heisenberg. Uma outra implicação é que o futuro não é previsível no sentido clássico, pois se não conhecermos exatamente as condições iniciais - e o princípio de Heisenberg diz-nos que não podemos fazer previsões exactas sobre o futuro, por mais precisas e predeterminadas que sejam as nossas equações.

Do que foi descrito acima, é evidente que o princípio da incerteza está envolvido na explicação do fenómeno de interferência e, por conseguinte, o fenómeno é mais apropriadamente designado por interferência quântica. A investigação sobre a interferência quântica está a ser aplicada num número crescente de aplicações, como o dispositivo de interferência quântica de supercondutividade (SQUID), a criptografia quântica, a computação quântica, o batimento quântico, o efeito Hanle, a transparência auto-induzida e o laser de interferência quântica ou Lasing sem inversão[66,67,73,101-110].

## 2.4 Lasing sem inversão

Em condições especiais, as transições atómicas coerentes podem cancelar a absorção. A ideia principal da LWI é que o cancelamento da absorção permite obter uma amplificação da luz mesmo que a população do nível superior seja inferior à população do nível inferior. Esta situação pode ocorrer, por exemplo, num sistema de três níveis, quando duas transições atómicas coerentes interferem destrutivamente e, por conseguinte, anulam a absorção.

$\Lambda$P ara apresentar a física básica da LWI, é melhor considerar a teoria deste efeito numa configuração de três níveis atómicos e depois demonstrar como se pode realizar o conceito de "lasing sem inversão". A configuração do sistema atómico de$\Lambda$ três níveis é apresentada na Fig. 2.6 (a). É formado pelos níveis superiores$|a\rangle$ e$|c\rangle$ através da interação com os campos electromagnéticos $E_1$ e $E_2$ , respetivamente, de tal modo que só são permitidas as transições atómicas$|a\rangle \rightarrow |c\rangle$ e$|a\rangle \rightarrow |b\rangle$ . A razão física para cancelar a absorção neste sistema é a incerteza nas transições atómicas$|c\rangle \rightarrow |a\rangle$ e

$|b\rangle \rightarrow |a\rangle$ que resulta numa interferência destrutiva entre elas. Esta situação é semelhante ao problema da dupla fenda de Young, em que a interferência é uma consequência da incerteza em determinar através de qual das duas fendas o fotão passou[112]. Esta situação é mostrada na figura 2.6(b)

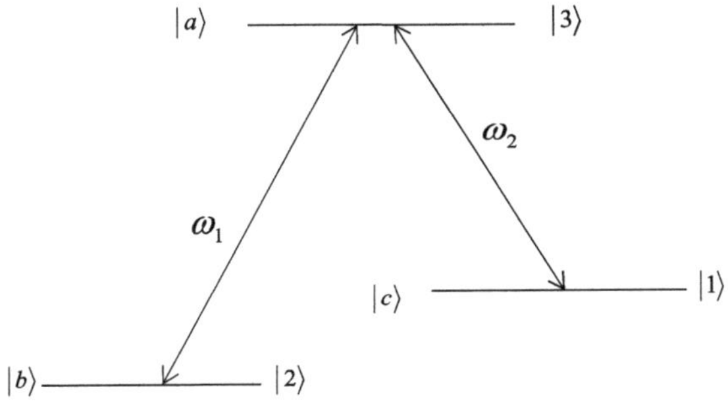


**Fig 2.6(a)** Átomo de três níveis na configuração $\Lambda$ - interagindo com dois campos de frequências $\omega_1$ e $\omega_2$

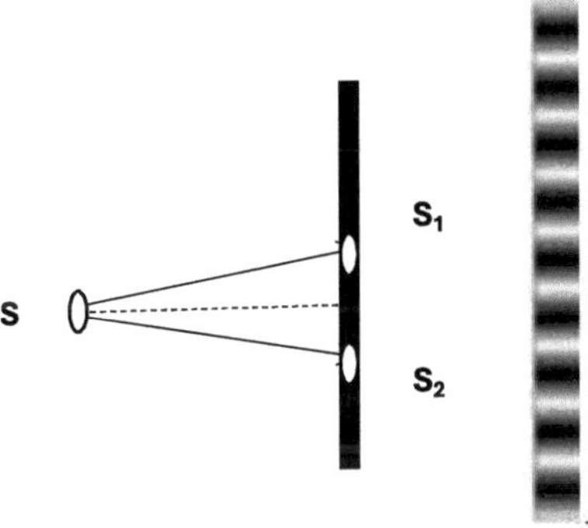


Fig 2.6(b): Problema de dupla fenda de Young para comparação com LWI

No esquema V, como mostra a Fig. 2.7, os níveis de energia $|a\rangle$ e $|c\rangle$ estão muito espaçados e o nível inferior $|b\rangle$ é o nível comum.

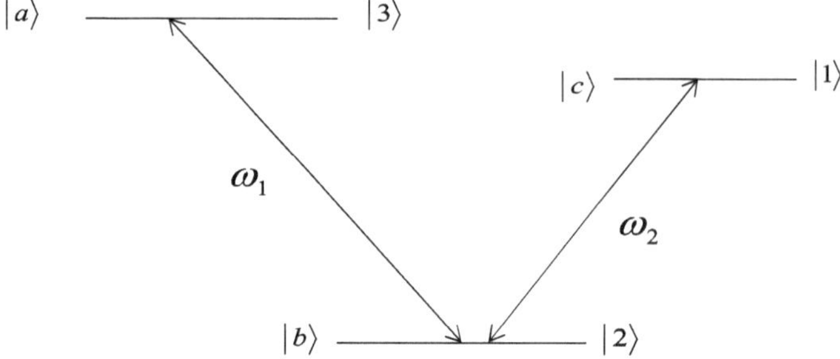


Fig 2.7Átomo de três níveis na configuração V interagindo com dois campos de frequências $\omega_1$ e $\omega_2$

A probabilidade de absorção será igual à soma ao quadrado das amplitudes de probabilidade correspondentes às transições $|c\rangle \rightarrow |a\rangle$ e $|b\rangle \rightarrow |a\rangle$ no esquema Λ e no esquema V a probabilidade de absorção corresponde a $|b\rangle \rightarrow |a\rangle$ e $|b\rangle \rightarrow |c\rangle$ . No esquema Λ, quando existe uma correlação entre estas amplitudes de probabilidade, esta conduzirá a um termo de interferência que, em condições de fase adequadas, pode tornar a probabilidade de absorção total igual a zero. A probabilidade de emissão é igual à soma das probabilidades de transição $|a\rangle \rightarrow |c\rangle$ e $|a\rangle \rightarrow |b\rangle$ , e é independente da sua correlação mútua. Este facto resulta dos diferentes estados finais. Sabe-se exatamente por que caminho o átomo faz a sua transição para o nível inferior $|a\rangle \rightarrow |c\rangle$ ou $|a\rangle \rightarrow |b\rangle$ , pelo que não há incerteza nas rotas atómicas e, consequentemente, não há interferência entre estas transições. Esta assimetria nas transições para cima e para baixo permite a amplificação neste sistema atómico com perdas de absorção nulas.

Para demonstrar este conceito de uma forma matemática mais rigorosa, é útil seguir o tratamento de M.O. Scully e M.S. Zubairy [53]. A sua abordagem baseia-se num tratamento semiclássico, em que o campo eletromagnético é considerado de forma clássica, mas o átomo é tratado de forma mecânica quântica. A ideia é calcular as amplitudes de probabilidade dependentes do tempo para cada nível e depois mostrar que a probabilidade de uma transição para o nível superior pode desaparecer para determinadas condições iniciais, mas a probabilidade de transição para um nível inferior não desaparece.

O Hamiltoniano para o sistema atómico em aproximação de onda rotativa é obtido por uma generalização adequada do Hamiltoniano para um átomo de dois níveis que interage com um campo monomodo para apresentar o problema de um átomo de três níveis que interage com um campo de dois modos,

$$H = H_0 + H_1 \quad (2.11)$$

Em que $H_0 = \hbar\omega_a|a\rangle\langle a| + \hbar\omega_b + \hbar\omega_c$ (2.12)

$$H_1 = -\frac{\hbar}{2}(\Omega_{R1}e^{-i\phi_1}e^{-i\omega_1 t}|a\rangle\langle b| + \Omega_{R2}e^{-i\phi_2}e^{-i\omega_2 t}|a\rangle\langle c|) + H.C \quad (2.13)$$

Onde $H_0$ e $H_1$ representam a parte não perturbada e a parte de interação do Hamiltoniano, respetivamente. $\Omega_{R1}e^{-i\phi_1} = \wp_{ba}E_1/\hbar$

e $\Omega_{R2}e^{-i\phi_2} = \wp_{ca}E_2/\hbar$ (2.14)

Aqui $\Omega_{R1}e^{-i\phi_1}$ e $\Omega_{R2}e^{-i\phi_2}$ são as frequências Rabi complexas associadas à interação dos campos electromagnéticos $\vec{E}_1$ e $\vec{E}_2$ de frequências $\omega_1$ e $\omega_2$ com as transições atómicas $|a\rangle \rightarrow |b\rangle$ e $|a\rangle \rightarrow |c\rangle$ respetivamente. $E_1$ e $E_2$ são amplitudes do campo $\vec{E}_1$ e $\vec{E}_2$ respetivamente.

Os elementos matriciais do momento de dipolo elétrico correspondentes às transições atómicas $|a\rangle \rightarrow |b\rangle$ e $|a\rangle \rightarrow |c\rangle$ são

$\wp_{ba} = e\langle b|r|a\rangle$ e $\wp_{ca} = e\langle c|r|a\rangle$ (2.15)

respetivamente.

A função de onda deste sistema de três níveis é

$$|\psi(t)\rangle = C_a(t)|a\rangle + C_b(t)|b\rangle + C_c(t)|c\rangle \quad (2.16)$$

Onde , $C_a(t)$ $C_b(t)$ e $C_c(t)$ são as amplitudes de probabilidade dos três estados atómicos $|a\rangle$ $|b\rangle$ e $|c\rangle$ respetivamente. Para encontrar as amplitudes de probabilidade é necessário resolver a equação de Schrödinger.

$$i\hbar|\dot{\psi}(t)\rangle = H|\psi(t)\rangle \quad (2.17)$$

Isto pode ser feito transformando o Hamiltoniano dependente do tempo - H e a função de onda $\psi(t)$ numa nova base - "nova imagem", onde o Hamiltoniano será independente do tempo. Resolvendo a equação de Schrodinger (2.17) na "nova imagem", as amplitudes de probabilidade para cada estado atómico podem ser encontradas para uma escolha arbitrária das condições iniciais.

A equação de movimento para amplitudes de probabilidade da equação de Schrodinger dependente do tempo sob condição de ressonância $\omega_{ab} = \omega_1$ e $\omega_{ac} = \omega_1$ são

$$\dot{C}_a = \frac{1}{2}\{\Omega_{R1}\exp(-i\phi_1)C_b + \Omega_{R2}\exp(-i\phi_2)C_c\}$$

$$\dot{C}_b = \frac{1}{2}\Omega_{R1}\exp(i\phi_1)C_a$$

$$\dot{C}_c = \frac{1}{2}\Omega_{R2}\exp(i\phi_2)C_a \tag{2.18}$$

Ora, se o estádio atómico inicial é a sobreposição dos dois níveis inferiores $|b\rangle$ e $|c\rangle$, de modo que

$$|\psi(0)\rangle = \cos(\theta/2)|b\rangle + \sin(\theta/2)\exp(-i\psi)|c\rangle \tag{2.19}$$

O parâmetro $\theta$ é o ângulo de fase e é responsável pela coerência entre os níveis $|b\rangle$ e $|c\rangle$ e, por conseguinte, pela solução da equação (2.18) na condição inicial (2.19).

$$C_a(t) = \frac{i\sin(\Omega t/2)}{\Omega}\left[\Omega_{R1}e^{-i\phi_1}(\cos\theta/2) + \Omega_{R2}e^{-i(\phi_2+\psi)}\sin(\theta/2)\right] \tag{2.20}$$

$$C_b(t) = \frac{1}{\Omega}\left\{\begin{matrix}\left[\Omega_{R2}^{\ 2} + \Omega_{R1}^{\ 2}\cos(\Omega t/2)\right]\cos(\theta/2) \\ -2\Omega_{R1}\Omega_{R2}e^{i(\phi 1-\phi 2-\psi)}\sin^2(\Omega t/4)\sin(\theta/2)\end{matrix}\right\} \tag{2.21}$$

$$Cc(t) = \frac{1}{\Omega^2}\left\{\begin{matrix}-2\Omega_{R1}\Omega_{R2}e^{-i(\phi 1-\phi 2)}\sin^2(\Omega t/4)\cos(\theta/2)\} \\ +\left[\Omega_{R1}^{\ 2} + \Omega_{R2}^{\ 2}\cos(\Omega t/2)\right]e^{-i\psi}\sin(\theta/2)\end{matrix}\right\} \tag{2.22}$$

Onde $\Omega = \left(\Omega_{R1}^{\ 2} + \Omega_{R2}^{\ 2}\right)^{1/2}$

Para calcular a probabilidade de absorção, é conveniente considerar o estado inicial do sistema para o qual a população está igualmente distribuída com fases fixas entre os dois estados inferiores e e há muito poucos átomos que estão inicialmente nos estados excitados . $\psi$entre os dois estados inferiores$|b\rangle$ e$|c\rangle$ e há muito poucos átomos que estão inicialmente nos estados excitados$|a\rangle$ . Assim, para os átomos que estão inicialmente (t=0) nos dois estados inferiores, matematicamente esta afirmação pode ser escrita como

$$C_a(0) = 0; C_b(0) = \frac{1}{\sqrt{2}}; C_c = \frac{e^{-i\psi}}{\sqrt{2}} \tag{2.23}$$

Então, a partir das equações (2.20), (2.21) e (2.22), a amplitude de probabilidade do nível superior em qualquer momento $t$

$$C_a(t) \approx i\frac{t}{2\sqrt{2}}\left[\Omega_{R1}e^{-i\phi_1} + \Omega_{R2}e^{-i(\phi_2+\psi)}\right] \tag{2.24}$$

Nesta equação, o primeiro termo e o segundo termo da soma representam as amplitudes de probabilidade correspondentes às transições de$|b\rangle \rightarrow |a\rangle$ e$|c\rangle \rightarrow |a\rangle$ , respetivamente. A probabilidade de absorção, neste caso, é igual ao quadrado da amplitude de probabilidade do nível superior e para$\Omega_{R1} = \Omega_{R2} = \Omega_R$ pode ser escrita da seguinte forma

$$P_{absorption} = |C_a(t)|^2 \approx t^2\Omega_R{}^2\left[1 + \cos(\phi_1 - \phi_2 - \psi\right]\cdot/4 \tag{2.25}$$

É fácil ver a partir da equação (2.25) a probabilidade de absorção$|C_a(t)|^2 = 0$ para $[(\phi_1 - \phi_2 - \psi] = \pm\pi$

O sistema atómico mantém-se sempre a baixo nível de energia nestas condições de fase específicas. Uma vez que não há transições para níveis de energia mais elevados, este sistema não terá absorção.

Consideremos agora um sistema que é capaz de emitir. Suponhamos que inicialmente a população se encontra no estado superior

ou seja, $C_a(0) = 1, C_b(0) = 0, C_c(0) = 0$ . (2.26)

As soluções da equação (2.18) para estas novas condições iniciais são

$$C_a(t)=\cos\left(\frac{\Omega t}{2}\right), C_b(t)=i\frac{\Omega_{R1}^*}{\Omega}\sin\frac{\Omega t}{2}, C_c(t)=i\frac{\Omega_{R2}^*}{\Omega}\sin\left(\frac{\Omega t}{2}\right) \tag{2.27}$$

Para $\Omega t \ll 1$ , a amplitude da probabilidade de emissão associada aos estados atómicos $|b\rangle$ e $|c\rangle$

$$P_{emission}=P_b+P_c=|C_b(t)|^2+|C_c(t)|^2=\frac{\Omega^2 t^2}{4} \tag{2.28}$$

Isto é sempre positivo.

Comparando a probabilidade de emissão com a probabilidade de absorção, nota-se que a probabilidade de emissão é independente da fase relativa entre os estados atómicos $|b\rangle$ e $|c\rangle$ porque primeiro as amplitudes de probabilidade são elevadas ao quadrado e só depois somadas. No entanto, para a probabilidade de absorção, primeiro as amplitudes de probabilidade são somadas e só depois elevadas ao quadrado. É por isso que a probabilidade de absorção depende matematicamente da fase relativa entre as transições atómicas. Como se pode ver na equação (2.28), a probabilidade de emissão é sempre maior do que zero para t >0. Por conseguinte, se o sistema atómico for preparado com as condições de fase acima referidas, o ganho líquido pode ser observado mesmo quando não há inversão de população no esquema atómico.

## 2.5 Lasing sem inversão nos estados nu e revestido

O sistema atómico Λ de três níveis não é a única configuração em que é possível o lasing sem inversão. O LWI foi relatado para muitas configurações diferentes de sistemas atómicos de três e quatro níveis [68-72,112-113] e, para alguns deles, foi comprovado experimentalmente [59, 62,114-116]. No entanto, na maior parte destes esquemas laser, embora não haja inversão da população na base do estado puro (ou seja, na base do estado próprio do sistema atómico isolado), há uma inversão da população nos estados vestidos (ou seja, nas bases do estado próprio do sistema átomo-campo acoplado) [104, 117]. Assim, a questão da não inversão e da inversão nestes sistemas atómicos depende da base de estados selecionada. Esta situação pode suscitar algum ceticismo quanto à realidade da amplificação da não inversão pura, porque a verdadeira não inversão deve ser independente das bases de estado.

É interessante encontrar uma configuração atómica em que a LWI exista em qualquer base de estado. Foram registados vários esquemas deste tipo [66,118,119]. Um destes sistemas foi demonstrado por A. Imamoglu, J.E. Field e S.E. Harris [66]. É apresentado na Fig.2.8. Este sistema pode ser considerado como um esquema $\Lambda$ atómico de três níveis. O estado $|3\rangle$ é bombeado incoerentemente a partir de ambos os estados inferiores $|2\rangle$ e $|1\rangle$. Além disso, um campo coerente interage com a transição $|3\rangle \rightarrow |2\rangle$. A transição do laser é $|1\rangle \rightarrow |3\rangle$, nesta transição o campo da sonda é amplificado.

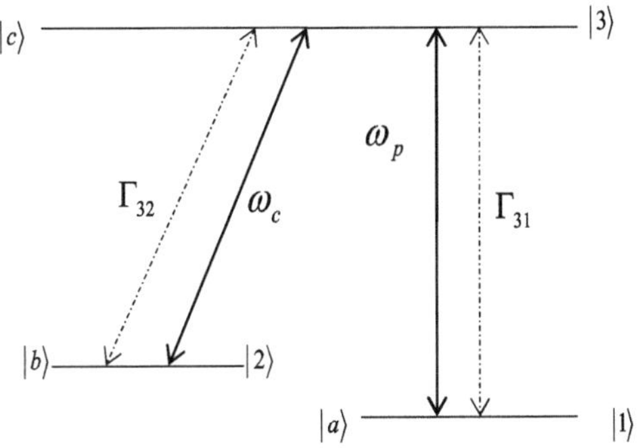


Fig. 2.8: Sistema atómico de três níveis para a LWI em qualquer base estatal.

Para encontrar a condição de amplificação sem inversão para este sistema em qualquer base de estado atómico, é possível utilizar uma abordagem de matriz de densidade e resolver a matriz

equação

$$\frac{\partial \tilde{\rho}}{\partial t} = \frac{1}{i\hbar}\left[\tilde{\mathrm{H}}, \tilde{\rho}\right] + L_{relax}\left[\tilde{\rho}\right] \tag{2.29}$$

e, assim, obter a equação do movimento para os elementos da matriz de densidade atómica numa estrutura que roda à frequência da sonda. Em seguida, considerando a solução em estado estacionário destas equações, é fácil encontrar taxas de absorção e emissão estimuladas. Analisando estas taxas, assumindo a ressonância para os campos de acoplamento e de sonda (i.e. $\Delta\omega_{21} = \omega_2 - \omega_c - \omega_p - \omega_1 = \Delta\omega_{31} = \omega_3 - \omega_p - \omega_1 = 0$ ), é possível derivar a condição necessária e suficiente para a amplificação sem inversão da população em qualquer base de estado atómico, esta condição é

$$\frac{\Gamma_{32}}{\gamma_{21}} \rangle \frac{\Gamma_{31}}{R_{13}} \frac{\Omega_{23}{}^{2} + R_{23}\gamma_{32}}{\Omega_{23}{}^{2}} \rangle \frac{\Omega_{23}{}^{2} + (\Gamma_{32} + R_{23})\gamma_{23}}{\Omega_{23}{}^{2}} \tag{2.30}$$

Onde as taxas de decaimento: ; $\gamma_{21} = R_{23} + R_{13}$; $\gamma_{32} = \Gamma_{23} + 2R_{23} + R_{13} + \Gamma_{31}$

$\Gamma_{ij}$ -Taxa de emissão espontânea de $|i\rangle$ a $|j\rangle$

$R_{ij}$ - taxa de bombagem e $\Omega_{ij}$ frequência Rabi.

A primeira desigualdade é a condição para o ganho líquido; a segunda é o requisito de não haver inversão da população. O sistema satisfará a condição (2.30) se a taxa de decaimento espontâneo do estado $|3\rangle$ para o estado $|2\rangle$ exceder a do estado $|3\rangle$ para o estado $|1\rangle$ , ou seja, $\Gamma_{32} \rangle \Gamma_{31}$ e se o número médio de fotões térmicos por modo na transição $|1\rangle \rightarrow |3\rangle$ exceder o da transição $|2\rangle \rightarrow |3\rangle$ , ou seja, . $R_{13}\Gamma_{32} \rangle R_{23}\Gamma_{31}$

Efectuando uma análise de estados vestidos [73], é possível mostrar que na presença de um forte campo coerente na transição $|3\rangle \rightarrow |2\rangle$ , os estados $|3\rangle$ e $|2\rangle$ transformam-se nos estados vestidos $|\psi_{\pm}\rangle$ . O estado nu $|1\rangle$ permanece inalterado, e é acoplado a $|\psi_{\pm}\rangle$ pelo campo fraco da sonda. Pode ser demonstrado [72] que a amplificação pode ter lugar mesmo que a população total dos estados $|\psi +\rangle$ e $|\psi_{-}\rangle$ seja inferior à de $|1\rangle$ . Este ganho não resulta da inversão da população, mas da coerência entre os estados $|\psi_{+}\rangle$ e $|\psi_{-}\rangle$ , que é induzida pela bomba coerente na transição $|2\rangle \rightarrow |3\rangle$ . A LWI neste e noutros sistemas atómicos, que era independente das bases dos estados, foi também demonstrada experimentalmente [59,62].Verifica-se que mesmo os esquemas atómicos em que não há inversão na base de estado nua, mas há nos estados vestidos, são importantes e interessantes porque estes sistemas utilizam a coerência e os efeitos de interferência das transições atómicas para proporcionar ganhos num meio ativo. Este facto torna-os principalmente diferentes dos esquemas laser convencionais, que não utilizam estes efeitos. Por conseguinte, estas configurações LWI podem potencialmente proporcionar um desempenho e caraterísticas que não são alcançáveis pelos esquemas laser tradicionais.

## 2.6 Teoria semiclássica do laser:

Nesta secção, consideramos a conhecida teoria semiclássica do laser apresentada por Lamb e seus colaboradores. Uma descrição completa da teoria do laser pode ser encontrada no livro Laser Physics de Sargent, Scully e Lamb[120], de 1974. A teoria semiclássica é também designada por teoria semiclássica. A teoria semiclássica é também designada por teoria do laser de sinal forte. O ponto de partida da teoria semiclássica do laser é a representação geométrica, como se mostra na Fig. 2.9.

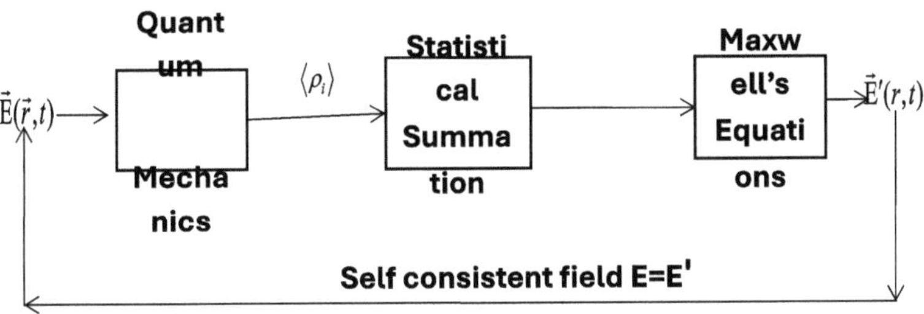


**Fig 2.9: Representação geométrica da teoria semiclássica**

Este método ilustra explicitamente o requisito de auto-consistência de que o campo incidente $\vec{E}$ é, de facto, o mesmo que o campo sustentado $\vec{E}'$ , como se mostra na Fig. 2.9. O campo elétrico $\vec{E}$ assumido na cavidade induz um valor de expetativa de momento de dipolo microscópico no meio ativo, de acordo com a lei da mecânica quântica. Estes novos momentos são então somados para produzir uma polarização macroscópica no meio, $\vec{P}(\vec{r},t)$ . Esta polarização actua como uma fonte na equação de Maxwell para o campo $\vec{E}(\vec{r},t)$ . O ciclo é completado para satisfazer o requisito de auto-consistência de que o campo assumido $\vec{E}$ é igual ao campo de reação . $\vec{E}'$

Considere-se um meio homogeneamente alargado com dois níveis de átomos. Considere também dois espelhos laser com janelas Brewster que asseguram um campo linearmente polarizado e, por conseguinte, o campo é de natureza escalar (Fig. 2.9).

Descrevemos a radiação electromagnética na cavidade do laser através das equações de Maxwell em unidades MKS

$$\left.\begin{array}{ll} \vec{\nabla}.\vec{D}=0 & \vec{\nabla}\times\vec{E}=-\dfrac{\partial\vec{B}}{\partial t} \\ \vdots & \\ \vec{\nabla}.\vec{B}=0 & \vec{\nabla}\times\vec{H}=\vec{J}+\dfrac{\partial\vec{D}}{\partial t} \end{array}\right\} \quad (2.31)$$

Onde

$$\left.\begin{array}{l} \vec{D}=\varepsilon_0\vec{E}+\vec{P} \\ \vec{B}=\mu_0\vec{H} \\ \vec{J}=\sigma\vec{E} \end{array}\right\} \quad .(2.32)$$

Para evitar um problema de valor de fronteira complicado, assumimos a presença de um meio com perdas e condutividade, que ajustamos para dar amortecimento devido à difração e à transmissão do refletor. Substituindo a equação (2.32) com a derivada temporal da $\vec{\nabla}\times\vec{H}$ em $\vec{\nabla}\times\vec{E}$ temos a equação de onda

$$\vec{\nabla}\times\vec{\nabla}\times\vec{E}+\mu_0\sigma\frac{\partial\vec{E}}{\partial t}+\mu_0\varepsilon_0\frac{\partial^2\vec{E}}{\partial t^2}=-\mu_0\frac{\partial^2\vec{P}}{\partial t^2} \quad (2.33)$$

$\vec{\nabla}\times\vec{\nabla}\times\vec{E}$ pode ser simplificado pela expansão

$$\begin{aligned} \vec{\nabla}\times\vec{\nabla}\times\vec{E} &= -\nabla^2\vec{E}+\vec{\nabla}.(\vec{\nabla}.\vec{E}) \\ &= -\nabla^2\vec{E}+\frac{1}{\varepsilon_0}\vec{\nabla}(\vec{\nabla}.\vec{D}-\vec{\nabla}.\vec{P}) \\ &= -\nabla^2\vec{E} \end{aligned}$$

Onde a última igualdade resulta da equação de Maxwell e da suposição de que $\vec{\nabla}.\vec{P}=0$ . Quando consideramos o meio no estado sólido, para o qual a dispersão do hospedeiro não pode ser negligenciada, este pressuposto será modificado. Uma vez que a variação do campo transversal ao eixo do laser é lenta em comparação com os comprimentos de onda ópticos, negligenciaremos as derivadas x e y, ou seja

$$\vec{\nabla}\times\vec{\nabla}\times\vec{E} = -\frac{\partial^2\vec{E}}{\partial t^2} \tag{2.34}$$

A dependência temporal da equação de onda pode ser separada da dependência espacial pela expansão do campo elétrico nos modos normais da cavidade. Na medida em que o interferómetro de Fabry Perot sem paredes é a cavidade passiva, existe um contínuo destes modos. No entanto, apenas alguns modos discretos atingem magnitudes apreciáveis no interior da cavidade, nomeadamente os que têm frequências circulares

$$\Omega n = \frac{n\pi c}{L} = K_n c \tag{2.35}$$

Onde L é o comprimento da cavidade, c é a velocidade da luz, n é um número grande (inteiro) tipicamente de $10^6$ e $K_n$ é o número de onda correspondente. Na nossa discussão, tomamos geralmente os modos normais (não normalizados) como tendo uma dependência sinusoidal de z

$$U_n(z) = \sin K_n z$$

(2.36)

Ou também temos a oportunidade de utilizar a função mais simples, o modo unidirecional (em execução)

$$U_n(z) = \exp[iK_n z] \tag{2.37}$$

O campo elétrico é então escrito como

$$E(z,t) = \sum_n E_n(t)\cos(\nu_n t + \phi_n)U_n(z) \tag{2.38}$$

Onde o coeficiente de amplitude $E_n(t)$ e a fase $\phi_n(t)$ variam pouco numa frequência ótica, e $\nu_n + \dot{\phi}_n$ é a frequência de oscilação do modo. Veremos que esta frequência não é necessariamente igual à frequência da cavidade passiva $\Omega_n$ devido à dispersão do meio ativo. Consideramos um átomo com dois níveis. Estes contribuem para uma única componente de polarização do campo elétrico, ignorando assim o carácter vetorial do campo. Com a forma do campo, a polarização induzida pode ser escrita como

$$P(z,t) = \sum [C_n(t)\cos(\nu_n t + \phi_n) + S_n(t)\sin(\nu_n t + \phi_n)]U_n(z) \tag{2.39}$$

Onde $P_n(t) = C_n(t) + iS_n(t)$ (2.40)

Notamos que $C_n = \mathrm{Re}(P_n)$ é o coeficiente de fase e $S_n = \mathrm{Im}(P_n)$ é o coeficiente de quadratura. Substituímos a equação (2.38) em (2.39) na equação de onda (2.33) e, usando a equação (2.34) e a equação (2.37), temos

$$-\frac{\partial^2 E}{\partial z^2} = -\frac{\partial^2}{\partial z^2}\sum E_n(t)\cos(\nu_n t + \phi_n)U_n(z)$$

$$= -\frac{\partial^2}{\partial z^2}\sum E_n t(t)\cos(\nu_n t + \phi_n)\exp(iK_n z)$$

$$= K_n{}^2 \sum E_n(t)\cos(\nu_n t + \phi_n)\exp(iK_n z)$$

(2.41a)

$$\mu_0\sigma\frac{\partial \vec{E}}{\partial t} = \mu_0\sigma\frac{\partial}{\partial t}\sum E_n(t)\cos(\nu_n t + \phi_n)\exp(iK_n z)$$

$$= \mu_0\sigma\left[\dot{E}_n\cos(\nu_n t + \phi_n) + E_n(\nu_n + \dot{\phi}_n).\{-\sin(\nu_n t + \phi)\}\right]\exp(iK_n z)$$

$$= \mu_0\sigma\left[\dot{E}_n\cos(\nu_n t + \phi_n) - E_n(\nu_n + \dot{\phi}_n)\sin(\nu_n t + \phi)\right]\exp(iK_n z)$$

(2.41b)

$$\mu_0\sigma\frac{\partial^2 E}{\partial t^2} = \mu_0\varepsilon_0\frac{\partial}{\partial t}\sum_n [\dot{E}_n\cos(\nu_n t + \phi_n) + E_n(\nu_n + \dot{\phi}_n)\{-\sin(\nu_n t + \phi_n)\}]\exp(iK_n z)$$

$$= \mu_0\varepsilon_0\begin{bmatrix} [\ddot{E}_n\cos(\nu_n t + \phi_n) + (\nu_n + \dot{\phi}_n)\dot{E}_n\{-\sin(\nu_n t + \phi_n)\} + \\ \dot{E}_n(\nu_n + \dot{\phi}_n)\{-\sin(\nu_n t + \phi_n)\} \\ + E_n.\ddot{\phi}_n\{-\sin(\nu_n t + \phi_n)\} \\ + E_n(\nu_n + \dot{\phi}_n).(\nu_n + \dot{\phi}_n)\{-\cos(\nu_n t + \phi_n)\}]\exp(iK_n z) \end{bmatrix} \tag{2.41.c}$$

$$
\begin{aligned}
-\frac{\partial^2 P}{\partial t^2} &= -\mu_0 \frac{\partial^2}{\partial t^2}\sum_n [C_n(t)\cos(\nu_n t+\phi_n)+S_n(t)\sin(\nu_n t+\phi_n)]\exp(iK_n z) \\
&-\mu_0 \frac{\partial}{\partial t}\sum_n [\dot{C}_n(t)\cos(\nu_n t+\phi_n)+C_n\{-\sin(\nu_n t+\phi_n)\}(\nu_n+\dot{\phi}_n)\} \\
&+\dot{S}_n(t)\sin(\nu_n t+\phi_n)+S_n\{\cos(\nu_n t+\phi_n)\}(\nu_n t+\phi_n)]\exp(iK_n z) \\
&= -\mu_0 \sum_n \ddot{C}_n \cos(\nu_n t+\phi_n)+\dot{C}_n\{-\sin(\nu_n t+\phi_n)\}.(\nu_n+\dot{\phi}_n) \\
&+\dot{C}_n(\nu_n+\dot{\phi}_n)\{-\sin(\nu_n t+\phi_n)\} \\
&+C_n\{-\cos(\nu_n t+\phi_n)\}\times(\nu_n+\dot{\phi}_n)(\nu_n+\phi_n)+C_n.\ddot{\phi}_n\{-\sin(\nu_n t+\phi_n)\} \\
&+\ddot{S}_n \sin(\nu_n t+\phi_n)+\dot{S}_n(\nu_n t+\dot{\phi}_n)\cos(\nu_n t+\phi_n) \\
&+S_n.\ddot{\phi}_n \cos(\nu_n t+\phi_n)+S_n(\nu_n+\dot{\phi}_n)^2\{-\sin(\nu_n t+\phi_n)\}]\exp(iK_n z)
\end{aligned} \tag{2.41.d}
$$

$$
\frac{\partial^2 E}{\partial t^2}+\mu 0\sigma\frac{\partial E}{\partial t}+\mu\varepsilon_0\frac{\partial^2 E}{\partial t^2}=-\mu_0\frac{\partial^2 P}{\partial t^2} \qquad .(2.42a)
$$

$$
\begin{aligned}
&K_n^{\,2}\sum[E_n\cos(\nu_n t+\phi_n)]\exp(iK_n z)+\mu_0\sigma\sum[\dot{E}_n\cos(\nu_n t+\phi_n)+E_n\{-\sin(\nu_n t+\phi_n)\}(\nu_n+\dot{\phi}_n) \\
&+\mu_0\varepsilon_0\sum[\ddot{E}_n\cos(\nu_n t+\phi_n)+\dot{E}_n(\nu_n+\dot{\phi}_n)\{-\sin(\nu_n t+\phi_n)\}+\dot{E}_n(\nu_n+\phi_n)\{-\sin(\nu_n t+\dot{\phi}_n)\} \\
&+E_n\ddot{\phi}_n\{-\sin(\nu_n t+\dot{\phi}_n)+E_n(\nu_n+\dot{\phi}_n)(\nu_n+\dot{\phi}_n)\{-\cos(\nu_n t+\phi_n)\}]\exp(iK_n z) \\
&=-\mu_0\sum[\ddot{C}_n\cos(\nu_n t+\phi_n)+C_n.2(\nu_n+\dot{\phi}_n)+C_n(\nu_n+\dot{\phi}_n)^2\{-\cos(\nu_n t+\phi_n)\} \\
&+C_n\ddot{\phi}_n\{-\sin(\nu_n t+\phi_n)\}+\ddot{S}_n\sin(\nu_n t+\phi_n)+2\dot{S}_n(\nu_n+\dot{\phi}_n)\cos(\nu_n t+\phi_n) \\
&+S_n.\ddot{\phi}_n\cos(\nu_n t+\phi_n)+S_n(\nu_n+\dot{\phi}_n)^2\{-\sin(\nu_n t+\phi_n)]\exp(iK_n z)
\end{aligned}
$$

(2.42)

Os {i.e. $S_n$ e $C_n$ } variam pouco em frequências ópticas, as perdas são pequenas e o meio diluído. Assim, negligenciamos os termos que contêm $\ddot{E}_{n,}\ddot{\phi}_n\ddot{S}_n, \ddot{C}_n\dot{E}_n, \dot{\phi}_n$, e $\sigma\dot{E}_n$ . Temos então

$$
\begin{aligned}
&K_n^{\,2}E_n\cos(\nu_n t+\phi_n)-\nu_n\mu_0\sigma E_n\sin(\nu_n t+\phi_n)-2\mu_0\varepsilon_0\nu_n\dot{E}_n\sin(\nu_n t+\phi_n) \\
&-\mu_0\varepsilon_0 E_n(\nu_n+\dot{\phi}_n)^2\cos(\nu_n t+\phi_n) \\
&=(\nu_n+\dot{\phi}_n)^2\mu_0 C_n\cos(\nu_n t+\phi_n)+\mu_0 S_n(\nu_n+\dot{\phi}_n)^2\sin(\nu_n t+\phi_n)+A
\end{aligned} \tag{2.43}
$$

Onde A contém os termos de $\dot{S}_n, \dot{C}_n\dot{S}_n$ e $\dot{C}_n$ e negligenciando estes termos

$$
\begin{aligned}
&K_n^{\,2}E_n\cos(\nu_n t+\phi_n)-\nu_n\mu_0\sigma E_n\sin(\nu_n t+\phi_n)-2\mu_0\varepsilon_0\nu_n\dot{E}_n\sin(\nu_n t+\phi_n) \\
&-\mu_0\varepsilon_0 E_n(\nu_n+\dot{\phi}_n)^2\cos(\nu_n t+\phi_n) \\
&=(\nu_n+\dot{\phi}_n)^2\mu_0 C_n\cos(\nu_n t+\phi_n)+\mu_0 S_n(\nu_n+\dot{\phi}_n)^2\sin(\nu_n t+\phi_n)
\end{aligned} \tag{2.44}
$$

Utilizando a condutividade fictícia como

$$\sigma = \varepsilon_0 \frac{\nu}{Q_n} \tag{2.45}$$

Considerando que $\nu \approx \nu_n$ e vemos que $S_n$ e $C_n$ são pequenos, podemos substituir ( $\nu_n \nu S_n \, \nu_n \nu C_n$ ).

Na equação acima (2.44), colocamos,

$K_n c = \Omega$ , $K_n = \frac{\Omega}{c}$ em que , $c = \frac{1}{\sqrt{\mu_0 \varepsilon_0}}$ $\mu_0 \varepsilon_0 = \frac{1}{c_2}$ e $\mu_0 \varepsilon_0 c^2 = 1$

$\mu_0$ – Permeabilidade do vácuo $\varepsilon_0$ – permissividade do vácuo

Mais

$$\Omega_n{}^2 E_n \cos(\nu_n t+\phi_n) - \nu_n \frac{\sigma}{\varepsilon_0} E_n \sin(\nu_n t+\phi_n) - 2\nu_n \dot{E}_n \sin(\nu_n t+\phi_n)$$
$$- E_n(\nu_n+\dot{\phi}_n)^2 \cos(\nu_n t+\phi_n) = \nu_n{}^2 \varepsilon_0{}^{-1} C_n \cos(\nu_n t+\phi_n) + \varepsilon_0 S_n \nu_n{}^2 \sin(\nu_n t+\phi_n)$$

$$\Omega_n{}^2 E_n \frac{1}{2}[\exp i(\nu_n t+\phi_n) - \exp\{-i(\nu_n t+\phi_n)\}]$$
$$-\frac{\sigma}{\varepsilon_0}\nu_n E_n \frac{1}{2i}[\exp(\nu_n t+\phi_n) - \exp\{-i(\nu_n t+\phi_n)\}]$$
$$-2\nu_n \dot{E}_n \frac{1}{2i}[\exp(\nu_n t+\phi_n) - \exp\{-i(\nu_n t+\phi_n)\}]$$
$$-E_n(\nu_n+\dot{\phi}_n)^2 \frac{1}{2}[\exp i(\nu_n t+\phi_n) - \exp\{-i(\nu_n t+\phi_n)\}]$$
$$= \nu_n{}^2 \varepsilon_0{}^{-1} C_n \frac{1}{2}[\exp i(\nu_n t+\phi_n) - \exp\{-i(\nu_n t+\phi_n)\}]$$
$$+\varepsilon_0 S_n \nu_n{}^2 \frac{1}{2i}[\exp(\nu_n t+\phi_n) - \exp\{-i(\nu_n t+\phi_n)\}]$$

$$\begin{aligned}
&\Omega_n{}^2 E_n[\exp i(\nu_n t+\phi_n) - \exp\{-i(\nu_n t+\phi_n)\}] \\
&+ i\frac{\sigma}{\varepsilon_0}\nu_n E_n[\exp(\nu_n t+\phi_n) - \exp\{-i(\nu_n t+\phi_n)\}] \\
&+ 2i\nu_n \dot{E}_n[\exp(\nu_n t+\phi_n) - \exp\{-i(\nu_n t+\phi_n)\}] \\
&- E_n(\nu_n+\dot{\phi}_n)^2[\exp i(\nu_n t+\phi_n) - \exp\{-i(\nu_n t+\phi_n)\}] \\
&= \nu_n{}^2 \varepsilon_0{}^{-1} C_n[\exp i(\nu_n t+\phi_n) - \exp\{-i(\nu_n t+\phi_n)\}] \\
&- \varepsilon_0 S_n \nu_n{}^2[\exp(\nu_n t+\phi_n) - \exp\{-i(\nu_n t+\phi_n)\}]
\end{aligned} \tag{2.46}$$

Equação de partes reais e imaginárias

$$\Omega_n{}^2 E_n[\exp i(\nu_n t+\phi_n) + \exp\{-i(\nu_n t+\phi_n)\} - (\nu_n+\dot{\phi}_n)^2 E_n[\exp i(\nu_n t+\phi_n) + \exp\{-i(\nu_n t+\phi_n)\}]$$
$$= \nu_n{}^2 \varepsilon_0{}^{-1} C_n[\exp i(\nu_n t+\phi_n) - \exp . - i(\nu_n t+\phi_n)]$$

Obtemos

$$\Omega_n{}^2 E_n - (\nu_n+\dot{\phi}_n)^2 E_n = \nu_n{}^2 \varepsilon_0{}^{-1} C_n$$

Observando que $\Omega_n{}^2 - (\nu_n+\dot{\phi}_n)^2 \approx 2\nu_n(\Omega_n - \nu_n - \dot{\phi}_n)$

$$2\nu_n(\Omega_n - \nu_n - \dot{\phi}_n) = \nu_n{}^2 \varepsilon_0{}^{-1} C_n$$

$$(\Omega_n - \nu_n - \dot{\phi}_n) = \frac{1}{2}\nu_n \varepsilon_0{}^{-1} C_n$$

$$(\nu_n + \dot{\phi}_n) = \Omega_n - \frac{1}{2}\nu_n \varepsilon_0{}^{-1} C_n$$

e

$$(\frac{\sigma}{\varepsilon_0})\nu_n E_n + 2\nu_n \dot{E}_n = -\nu_n{}^2 \varepsilon_0{}^{-1} S_n$$

$$\Rightarrow (\frac{\varepsilon_0 \nu}{Q_n \varepsilon_0})\nu_n E_n + 2\nu_n \dot{E}_n = -\nu_n{}^2 \varepsilon_0{}^{-1} S_n$$

$$\Rightarrow \frac{\nu}{2Q_n} E_n + \dot{E}_n = -\frac{1}{2}\nu_n \ \varepsilon_0{}^{-1} S_n$$

$$\Rightarrow \dot{E}_n + \frac{\nu}{2Q_n} E_n = -\frac{1}{2}\frac{\nu_n}{\varepsilon_0} S_n$$

Uma vez que a polarização complexa P é dada por $P_n(t) = C_n(t) + iS_n(t)$

A equação é a seguinte

$$\dot{E}_n + \frac{\nu}{2Q_n} E_n = -\frac{1}{2}\frac{\nu_n}{\varepsilon_0} \operatorname{Im}(P_n) \tag{2.47}$$

$$(\nu_n + \dot{\phi}_n) = \Omega_n - \frac{1}{2}\frac{\nu_n}{\varepsilon_0} E_n{}^{-1} \operatorname{Re}(P_n) \tag{2.48}$$

Estas são duas das nossas equações básicas. Consideremos o seu significado físico. Na ausência de um meio ativo . $P_n = 0$

Por conseguinte, as equações (2.47) e (2.48) podem ser escritas como

$$\dot{E}_n + \frac{\nu}{2Q_n} E_n = 0 \tag{2.49}$$

$$(\nu_n + \dot{\phi}_n) = \Omega_n \quad (2.50).$$

Da equação (2.49)

$$2\dot{E}_n = -\frac{\nu}{Q_n} E_n$$

$$\Rightarrow 2\frac{dE_n}{dt} = -\frac{\nu}{Q_n} E_n$$

$$\Rightarrow 2\frac{dE_n}{E_n} = -\frac{\nu}{Q_n} dt$$

Integração de ambos os lados

$$2\int \frac{dE_n}{E_n} = \int -\frac{\nu}{Q_n} dt$$

$$\Rightarrow 2\log E_n = -\frac{\nu}{Q_n} t$$

$$\Rightarrow E_n^{\ 2} = \exp[-\frac{\nu}{Q_n} t]$$

As equações (2.49) e (2.50) implicam que as intensidades dos modos $E_n^{\ 2}$ diminuem exponencialmente no tempo com constante $\frac{\nu}{Q_n}$ , e que as frequências de oscilação dos modos são apenas as da cavidade passiva. Mais especificamente, existe uma polarização definida pelas componentes de Fourier da suscetibilidade . $\chi_n$

$$P_n = \varepsilon_0 \chi_n E_n = \varepsilon_0 (\chi_n' + i\chi_n'') E_n \qquad (2.51)$$

Aqui $\chi_n$ depende tanto das amplitudes dos modos como das frequências, uma dependência que resulta em efeitos de saturação e de acoplamento para os primeiros e em fenómenos de dispersão (ou de tração) para os segundos. Substituindo a equação (2.51) nas equações (2.47) e (2.48), obtemos as equações que determinam a amplitude dos modos e a frequência

$$\dot{E}_n + \frac{\nu}{2Q_n} E_n = -\frac{1}{2} \nu_n \chi_n'' E_n \qquad (2.52)$$

$$(\nu_n + \dot{\phi}_n) = \Omega_n - \frac{1}{2} \nu_n \chi_n' \qquad (2.53)$$

A energia por unidade de volume $h_n$ para um determinado modo é proporcional ao quadrado da amplitude do campo, ou seja

$$h_n \alpha \ E_n^{\ 2} \qquad (2.54)$$

Por conseguinte, a equação do movimento

$$\dot{E}_n = -\frac{1}{2}\left(\frac{\nu}{Q_n}\right) E_n - -\frac{1}{2} \nu_n \chi_n'' E_n$$

$$\frac{\dot{h}_n}{2E_n} = -\frac{1}{2}\left(\frac{\nu}{Q_n}\right) E_n - -\frac{1}{2} \nu_n \chi_n'' E_n$$

$$\dot{h}_n = -\left(\frac{\nu}{Q_n}\right)E_n^{\ 2} - -\nu_n \chi_n'' E_n^{\ 2}$$

$$\dot{h}_n = -\left(\frac{\nu}{Q_n}\right)h_n - \nu_n \chi_n'' h_n \qquad (2.55)$$

Esta equação indica que a taxa de variação temporal da energia é igual à diferença entre as perdas da cavidade e o ganho do meio. Em estado estacionário, $\dot{h}_n$ =0 e recuperamos a oscilação em que o ganho saturado é igual às perdas. A equação da frequência (2.53) implica que a frequência de oscilação do enésimo modo $\nu_n$ é deslocada da frequência da cavidade passiva pela quantidade $-\frac{1}{2}\nu\chi_n'$ . Podemos relacionar estas variáveis com um índice de refração $\eta(\nu_n)$ combinando a equação (2.35) com a definição

$$\eta(\nu_n) = \frac{K_n c}{\nu_n} = \frac{\Omega_n}{\nu_n} = \frac{\Omega n}{\Omega n - \frac{1}{2}\nu\chi_n'} \qquad (2.56)$$

Uma vez que estamos a tratar um sistema diluído (meio ativo) ( $\chi_n' \langle\langle 1$ ), podemos definir $\frac{\Omega_n}{\nu_n} \approx 1$ e temos

$$\eta(\nu_n) = \frac{\Omega n}{\Omega n - \frac{1}{2}\nu\chi_n'}$$

$$\Rightarrow \eta(\nu_n) = \frac{1}{1 - \frac{1}{2}\frac{\nu}{\Omega_n}\chi_n'}$$

Isto pode ser escrito como

$$\eta(\nu_n) = 1 + \frac{1}{2}\chi_n' + \frac{1}{4}\chi_n' + .... \qquad (2.57)$$

Este resultado é familiar na teoria electromagnética elementar.

**2.7 Teoria quântica da radiação:**

Apresentamos as caraterísticas mais importantes da teoria quântica da radiação e da quantização do campo eletromagnético. Discute-se a origem da emissão espontânea em termos da flutuação da energia do ponto zero. De particular importância para ser discutida no final da secção é a afirmação feita por Dirac de que um único fotão interfere apenas consigo próprio. Este facto é relevante para a nossa discussão sobre a interferência quântica. Na maior parte dos tratamentos da teoria quântica da radiação, são consideradas regiões não delimitadas e é utilizado um potencial vetorial. Uma vez que a nossa preocupação principal é a interação entre a radiação laser e o átomo em decaimento na aproximação do dipolo elétrico, preferimos desenvolver a teoria numa forma invariante mais apropriada à eletrónica quântica, dando ênfase aos campos elétrico e magnético. Começamos especificamente com a equação de Maxwell para um campo livre nas unidades MKS, que é dada nas equações (2.31) e (2.32)

Além disso, consideramos que o campo elétrico tem a dependência espacial adequada para o ressoador de cavidade, como se mostra na Fig. 2.10

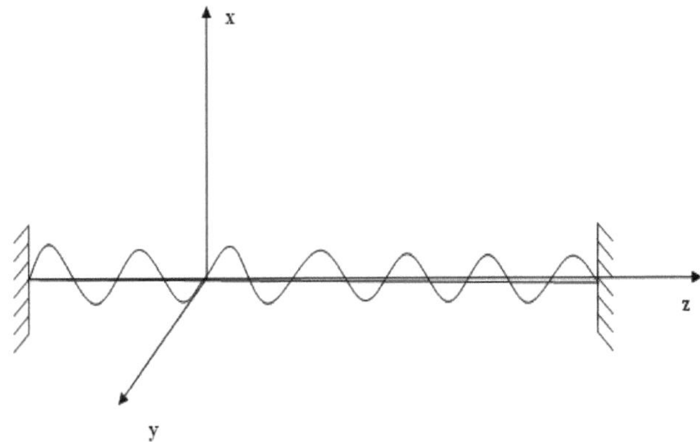


Fig: 2.10 Cavidade com frequência de ressonância $\Omega$ . Assume-se que o campo eletromagnético é transversal com o campo elétrico na direção x.

Especificamente, escrevemos a componente não-vanescente do campo elétrico como

$$E_x(z,t) = q(t)\left(\frac{2\Omega^2 M}{V\varepsilon_0}\right)^{1/2} Sin(Kz) \tag{2.58}$$

Onde $V$ =volume da cavidade, $M$ =constante com a dimensão de massa introduzida para simplificar a equação. $K=\Omega/c$ =número de onda, $q(t)$ =uma variável com dimensão de comprimento.

As equações (2.31), (2.32) e (2.58) dão uma componente não nula do campo magnético

$$\vec{\nabla}\times\vec{H}=\frac{\partial\vec{D}}{\partial t}=\varepsilon_0\frac{\partial\vec{E}}{\partial t}$$

$$\Rightarrow\frac{\partial H_z}{\partial y}-\frac{\partial H_y}{\partial z}=\varepsilon_0\frac{\partial E_x}{\partial t}$$

$$-\frac{\partial H_y}{\partial z}=\varepsilon_0\frac{\partial E_x}{\partial t}$$

$$-\frac{\partial H_y}{\partial z}=\varepsilon_0\frac{\partial}{\partial t}\left[q(t)\left(\frac{2\Omega^2 M}{V\varepsilon_0}\right)^{1/2}Sin(Kz)\right]$$

$$-\int\partial H_y=\varepsilon_0\frac{\partial}{\partial t}q(t)\left(\frac{2\Omega^2 M}{V\varepsilon_0}\right)^{1/2}\int Sin(Kz)$$

Por conseguinte, $H_y=\varepsilon_0\frac{\partial}{\partial t}q(t)\left(\frac{2\Omega^2 M}{V\varepsilon_0}\right)^{1/2}Cos(Kz)$ (2.59)

O Hamiltoniano clássico para o campo é

$$H'=\frac{1}{2}\int d\tau(\varepsilon_0 E_x{}^2+\mu_0 H_y{}^2)$$

(2.60)

Onde a integração é efectuada sobre o volume da cavidade. Utilizando as equações (2.58) e (2.59), podemos mostrar que $H'=\frac{1}{2}(M\Omega^2q^2+M\dot{q}^2)$

$$=\frac{1}{2}(M\Omega^2q^2+\frac{p^2}{M})\ (2.61)$$

A equação (2.61) é apenas o Hamiltoniano de um oscilador harmónico simples de massa $M$ , frequência $\Omega$ e coordenadas de posição $q(t)$ . Este problema dinâmico pode ser quantizado identificando $p$ e $q$ como operadores que obedecem a uma relação de comunicação.

$$[q,p]=qp-pq=i\hbar \quad (2.62)$$

Isto conduz à função de energia própria e aos valores próprios. Definimos agora as combinações de operadores-

$$a=(2M\hbar\Omega)^{-1/2}(M\Omega q+ip) \quad (2.63)$$

$$a^{+}=(2M\hbar\Omega)^{-1/2}(M\Omega q-ip) \quad (2.64)$$

Em termos destes operadores, o Hamiltoniano em (2.61) pode ser escrito como

$$H(a,a^{+})=\hbar\Omega(a^{+}a+\frac{1}{2}) \quad (2.65)$$

A relação de comunicação para $a$ e $a^{+}$ é a seguinte

$$[a,a^{+}]=1 \quad (2.66)$$

$$[a,a]=[a^{+},a^{+}]=0 \quad (2.67)$$

Utilizando $a$ e $a^{+}$ podemos exprimir o operador do campo elétrico como

$$E_x(z,t)=\xi(a+a')Sin(Kz) \quad (2.68)$$

Onde $\xi=\left(\frac{\hbar\Omega}{V\varepsilon_0}\right)^{1/2}$ (2,69)

Na equação (2.69) $\xi$ tem as dimensões de um campo elétrico e corresponde ao campo elétrico "por fotão". A relação de comunicação de $H$ com cand $a^{+}$ é

$[H,a]=\hbar\omega a$ e $[H,a^{+}]=\hbar\omega a^{+}$ (2,70)

Assim, $a$ obedece à equação de movimento de Heisenberg.

$$\dot{a}(t)=\frac{i}{\hbar}[H,a]=-i\Omega a \quad (2.71)$$

A solução da equação (2.71) dá

$$a(t) = a(0)\exp(-i\Omega t)$$

Da mesma forma

$$a^{+}(t) = a^{+}(0)\exp(-i\Omega t)$$

O campo elétrico da equação (2.68) tem uma dependência temporal monocromática semelhante. Devido ao papel fundamental que o oscilador harmónico desempenha na ótica quântica, resolvemos agora a sua equação de valores próprios para o estado $|n\rangle$ e o valor próprio $\hbar\omega$

$$H|H\rangle = \hbar\omega|H\rangle \tag{2.72}$$

Utilizando a relação de comunicação (2.70), obtemos

$$H'a|H'\rangle = [aH - \hbar\Omega a]H'\rangle$$

$$\Rightarrow H'a|H'\rangle = \hbar(\omega - \Omega)a|H'\rangle \tag{2.73a}$$

Assim, $a|H'\rangle$ é um estado próprio de energia com valor próprio $\hbar(\omega - \Omega)$. Como o operador "$a$ " a energia, é designado por operador de aniquilação. Aplicando repetidamente o operador de aniquilação, podemos encontrar estados próprios com valores próprios cada vez mais pequenos. Podemos ver que o menor destes valores próprios é positivo. Para um vetor $|\phi\rangle$ arbitrário, o valor esperado do operador Hamiltoniano é,

$$|\phi\rangle\hbar\Omega\left(a^{+}a + \frac{1}{2}\right)|\phi\rangle = \hbar\Omega\langle\phi'|\phi'\rangle + \frac{1}{2}\hbar\Omega$$

Em que $|\phi'\rangle = a|\phi\rangle$ designa o valor próprio mais baixo $\hbar\omega_0$ com estado próprio $|0\rangle$

Nós temos,

$$a|0\rangle = 0 \tag{2.73b}$$

e de (2.72)

$$H'|0\rangle = \hbar\Omega\left(a^{+}a+\frac{1}{2}\right)|0\rangle = \hbar|0\rangle \qquad (2.74)$$

Assim, o valor próprio de menor energia é $\hbar\omega_0 = \frac{1}{2}\hbar\omega$

Usando a relação de comunicação (2.70), encontramos o valor próprio e os estados próprios.

$$H'a^{+}|0\rangle = \left[a^{+}H' + \hbar\Omega a^{+}\right]|0\rangle$$

$$H'a^{+}|0\rangle = \hbar\Omega\left(1+\frac{1}{2}\right)a^{+}|0\rangle \qquad (2.75)$$

Da mesma forma $H'(a^{+})''|0\rangle = \hbar\Omega\left(1+\frac{1}{2}\right)(a^{+})''|0\rangle$ (2.76)

Assim, gerámos os vectores próprios de energia $|n\rangle$ que designamos por valor próprio

$$\hbar\omega_n = \hbar\Omega(n+\frac{1}{2})$$

(2.77)

Podemos determinar a normalização do vetor próprio em (2.76) utilizando (2.73) e (2.77) como

$a|n\rangle = S_n|n-1\rangle$ para um escalar qualquer . $S_n$

Tomando a magnitude desta expressão, temos

$$|S_n|^2\langle n-1|n-1\rangle = \langle n|a^{+}\ a|n\rangle = n\langle n|n\rangle$$

Ou seja, $S_n = \sqrt{n}$ e $a|n\rangle = \sqrt{n}|n-1\rangle$ (2,78)

Além disso, a partir de (2.76), verificamos que

$$a^{+}|n\rangle = S_{n+1}|n+1\rangle$$

Com magnitude,

$|S_{n+1}|^2\langle n+1|n+1\rangle = \langle n|aa^+|n\rangle = \langle n|a^+ \ a+1|n\rangle = n+1\langle n|n\rangle = n+1$ .i.e. $S_{n+1} = \sqrt{n+1}$ de acordo com (2.78).

Assim $a^+|n\rangle = \sqrt{n+}|n+1\rangle$ (2.79)

Com (2.76), obtêm-se os estados próprios normalizados

$$|n\rangle = \frac{1}{\sqrt{n!}}(a^+)n|0\rangle \qquad (2.80)$$

Finalmente, consideramos a representação coordenada de $|n\rangle$

$$\phi_n(q) = \langle q|n\rangle \qquad (2.81)$$

Utilizando (2.73a), temos

$$(M\Omega q + ip)\phi_0(q) = 0 \qquad \frac{d}{dq}\phi_0(q) = -\frac{M\Omega}{\hbar}q\phi_0(q)$$

Estes têm a solução

$$\phi_0(q) = N\exp - \frac{1}{2}\left(\frac{M\Omega}{\hbar}\right)q^2$$

Definindo $\int dq|\phi_0(q)|^2 = 1$ ,encontramos a constante de normalização $N_0$ tal que

$$\phi_0(q) = \left(\frac{M\Omega}{\pi\hbar}\right)^{1/4} \exp[-\frac{1}{2}(M\Omega/\hbar)q^2] \qquad (2.82)$$

As funções próprias de energia mais elevada são então dadas pela representação coordenada de (2.82)

$$\phi_0(q) = \frac{1}{\sqrt{n!}}(a^+)^n\phi_0(q)$$

$$= (2M\hbar\Omega n!)^{-1/2}(M\Omega q - \hbar\frac{d}{dq})^n\phi_0(q)$$

$$= H_n\left[\left(\frac{M\Omega}{\hbar}\right)^{1/2} q\right]\phi_0(q) \quad (2.83)$$

Em que $H_n$ são os polinómios de Hermite.

Uma propriedade interessante do estado numérico $|n\rangle$ é que o valor de expetativa correspondente do operador do campo elétrico (2.68) desaparece, ou seja

$$\langle n|E|n\rangle = \xi^2 Sin2(Kz)\langle n|a(t)|n\rangle + c.c = 0 \quad (2.84a)$$

No entanto, o valor esperado para o operador de intensidade $E^2$ é

$$\langle n|E|n\rangle = \xi^2 Sin2(Kz)\langle n|a^+a^+ + aa^+ + a^+a + aa|n\rangle$$

$$= \xi^2 Sin2(Kz)(n+\frac{1}{2}) \quad (2.84b)$$

Isto é, existe uma flutuação no campo em torno da média do conjunto zero. Isto não significa que não exista qualquer campo e que não ocorra qualquer deflexão se um eletrão passar pela cavidade. Em vez da deflexão média de muitas medições, um sistema preparado de forma idêntica desaparece. Queremos sublinhar que as equações (2.84a) e (2.84b) envolvem médias mecânicas quânticas e não médias temporais.

É útil interpretar os valores próprios como correspondendo à presença na cavidade $n$ de quanta ou fotões de energia $\hbar\omega$ . Os estados próprios $|n\rangle$ são frequentemente designados por estados de número de fotões. Os estados próprios de energia são discretos, ao contrário da expressão clássica (2.60), que pode assumir qualquer valor. No entanto, o valor esperado da energia também pode assumir qualquer valor. A energia residual $\frac{1}{2}\hbar\Omega$ é designada por energia de ponto zero e a flutuação de campo associada de (2.84b) pode ser considerada como estimulando um átomo excitado a emitir espontaneamente. Os operadores $a$ e $a^+$ aniquilam e criam fotões, respetivamente, pois transformam um estado com $n$ fotões num estado com $(n-1)$ e $(n+1)$ fotões. Estes operadores não são Hermitianos (a=a$^+$ ) e não representam quantidades observáveis como a intensidade da amplitude do campo elétrico. No entanto, algumas combinações dos operadores são hermitianas, por exemplo, $E_x$ e $H'$ . Os fotões são quanta de um único modo do campo de radiação que não se localizam em nenhuma posição e tempo particulares dentro da cavidade, mas que se espalham por toda a cavidade. De facto, nenhuma teoria quântica satisfatória da radiação parece dar conta de uma gama muito vasta de problemas radiativos e não há necessidade de uma teoria corpuscular dos fotões.

Dirac escreveu que "cada fotão só interfere consigo próprio. A interferência entre dois fotões nunca ocorre". Esta afirmação tem causado muita confusão. Sabe-se que dois transmissores de rádio separados podem produzir efeitos de interferência e que dois lasers também o podem fazer. Se se pensar que cada emissor envia o seu próprio fotão, há uma aparente contradição com as afirmações de Dirac. A dificuldade surge quando se recorda que os dois emissores estão acoplados aos modos do campo de radiação universal. Um fotão é simplesmente um estado próprio de energia de um desses modos de radiação. O campo encontrado na maioria dos problemas não é um estado único, mas uma superposição de tais estados, ou seja

$$|\psi\rangle = \sum_n C_n |n\rangle \qquad (2.85)$$

De facto, o vetor de estado que mais se aproxima de um campo clássico coerente, um tal estado de sobreposição, é designado por estado coerente.

Neste contexto, vale a pena referir que o fenómeno da interferência quântica que discutimos na secção 2.3 pode estar relacionado com a afirmação de Dirac de que "cada fotão interfere consigo próprio - a interferência entre dois fotões nunca pode ocorrer". No entanto, a afirmação de Dirac não é referida em nenhum dos trabalhos relacionados com o Lasing sem inversão.

## Efeito Zeno Quântico

### 3.1 Introdução:

No presente capítulo, estamos preocupados com os esquemas Λ e V de Lasing sem inversão (LWI), com particular referência ao paradoxo de Zeno quântico. Este é um dos tópicos mais interessantes em ótica quântica, particularmente no campo da teoria da medida e, portanto, o assunto tem atraído a atenção de um grande número de trabalhadores nos últimos anos.

O paradoxo de Zeno Quântico diz respeito ao fenómeno de inibição das transições entre estados quânticos por medições frequentes. O termo foi originalmente introduzido por E.C.G.Sudarshan [75] e pode ser aplicado para explicar várias transições que foram observadas experimentalmente. Com base na teoria quântica habitual da medição envolvendo operadores de projeção, Sudarshan mostrou que uma partícula instável que fosse continuamente observada para ver se decaía nunca o faria. Mais tarde, vários autores [76-79] estudaram o problema e generalizaram a perturbação introduzida num sistema quântico por medições efectuadas à inibição de transições ou saltos quânticos à medida que a frequência de observação ou medição aumentava. Este comportamento dinâmico é amplamente conhecido como Paradoxo de Zeno Quântico ou Efeito de Zeno Quântico. O Efeito Zeno Quântico é definido como uma classe de fenómenos em que a transição é suprimida por uma interação que produz um estado que pode ser interpretado como indicando "uma transição ainda não ocorreu" ou "uma transição já ocorreu".

O Efeito Zeno Quântico deve o seu nome ao filósofo grego Zeno. Recentemente, foi dada uma atenção renovada a este problema desde que Itano, Heinzen, Bolinger e Wineland[80] conseguiram observar experimentalmente este efeito. O efeito Zeno consiste no impedimento da evolução de um sistema quântico por medições frequentes efectuadas sobre ele. Para além do fenómeno quântico genérico do emaranhamento, é provavelmente a diferença mais marcante que separa o mundo clássico do quântico e um exemplo das caraterísticas por vezes contra-intuitivas deste último. Na manifestação mais concisa do efeito Zeno, um estado em decaimento de um sistema quântico, por exemplo um estado excitado de um átomo, é conservado e impedido de decair simplesmente "olhando para ele", ou seja, observando a presença do estado não decaído. Que esta observação pode claramente, no formalismo quântico, também ser feita "sem fazer nada" através de uma experiência com resultados negativos que não observe os produtos de decaimento[121]. O nome do efeito foi apropriadamente cunhado a partir do argumento clássico de Zeno que pretendia provar a impossibilidade de qualquer movimento real ("uma seta observada nunca voa"). Não é de admirar que um fenómeno tão desconcertante tenha agora entrado também nos textos científicos populares [122]. O interesse das comunidades da física matemática, teórica e experimental pelo efeito - que antes era visto como uma mera curiosidade, possivelmente devida apenas a uma interpretação "errada" da teoria quântica - foi reavivado pelo trabalho seminal de Misra e Sudarshan [75]. No entanto, o fenómeno passou por um renascimento. Atualmente, o efeito aparece como um dos mais genéricos da teoria quântica e como extremamente robusto no que diz respeito a formulações especiais, condições acessórias e à vasta gama de modelos específicos que já foram considerados.

O efeito Zeno Quântico ou paradoxo de Zeno Quântico tornou-se um tópico de grande interesse nas áreas da luz polarizada[78], da física dos átomos e iões atómicos[79,123,124], da física dos neutrões[125], do tunelamento quântico[126-128], da ótica quântica[129] e do Lasing sem inversão[123,130-132], etc.

### 3.2 Paradoxo de Zeno:

Zeno nasceu em Eléia [121], uma cidade do sul da Itália, não muito longe de Nápoles, por volta de 490 a.C. Naquela época, essa região fazia parte da chamada Magna Grécia, e era culturalmente grega. Zeno foi discípulo de Parménides, a figura mais proeminente da chamada escola eleática de filósofos. Parménides acreditava firmemente numa Verdade única, inteira e total ("ser"), e não podia aceitar a ideia de que esta Verdade pudesse mudar ("devir") ou ser composta por entidades mais pequenas ("multiplicidade"). O seu diálogo com Sócrates sobre estas questões é um dos debates mais famosos da história da filosofia grega [133]. Embora a contribuição de Zeno para a filosofia do "ser" não tenha sido tão importante como a de Parménides, o primeiro foi um orador inigualável, e acredita-se que tenha inventado a dialética, que foi posteriormente tão amplamente utilizada por Sócrates. Dois argumentos apresentados por Zeno em apoio aos pontos de vista filosóficos de Parménides são os mais famosos. No primeiro, Aquiles não pode alcançar uma tartaruga porque quando o primeiro chega à posição anteriormente ocupada pela segunda, a tartaruga já se afastou dela, e assim por diante ad infinitum. No segundo, isso diz-nos mais diretamente respeito; uma seta acelerada nunca atinge o seu alvo, porque em cada instante de tempo, ao olharmos para a seta, vemos claramente que ela ocupa uma posição definida no espaço. Se vivesse hoje em dia, Zeno consideraria provavelmente a existência de fotografias (em que todos os objectos em movimento estão parados) como a melhor prova em apoio das suas ideias. À luz dos seus argumentos paradoxais, Zeno pode ser considerado um precursor do sofisma. Sabemos hoje que os dois paradoxos acima referidos podem ser resolvidos pelo cálculo infinitesimal. No entanto, não se deve ignorar o facto de que Zeno pretendia basicamente apresentar argumentos muito provocadores contra o conceito de "devir", a fim de ridicularizar os críticos que tentavam ridicularizar a filosofia do "ser". É um pouco surpreendente que uma conclusão semelhante à de Zeno se mantenha na teoria quântica: é de facto possível explorar a taxa de decaimento de desaparecimento da mecânica quântica em tempos curtos de uma forma muito interessante, abrandando (e eventualmente parando) o processo de decaimento. As caraterísticas essenciais deste efeito já eram conhecidas de von Neumann [134] e foram investigadas por vários autores no passado [135-137].

Os paradoxos de Zeno são um conjunto de problemas concebidos por Zeno de Ela. Zeno foi um dos mais brilhantes discípulos de Parménides, que inventou o método da dialética, como já foi referido. Zeno ficou famoso pelos seus quatro paradoxos do movimento, que desenvolveu como argumentos contra os movimentos do espaço e do tempo existentes no passado.

a) Aquiles e a tartaruga (o espaço e o tempo são ilusórios, assim como tudo o que vemos).
b) A seta (a seta está sempre em repouso e todo o movimento é ilusório)
c) A dicotomia (um número infinito de pequenas separações espaciais num tempo finito seria impossível
d) O estádio sofisticado (não existe um momento em que a passagem efectiva ocorre e, portanto, nunca aconteceu, metade do tempo é igual ao dobro do tempo)

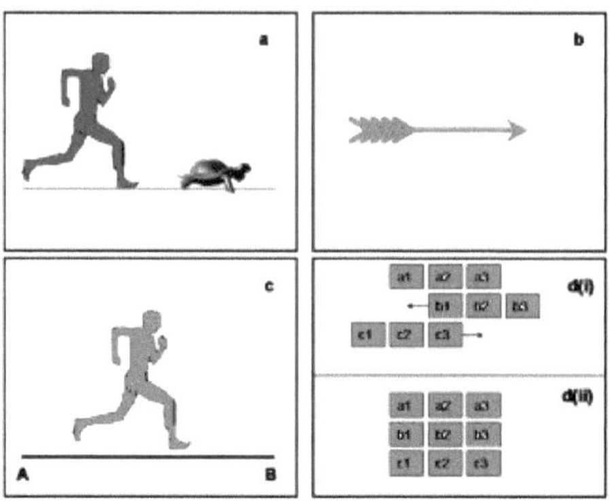


Figura (3.1): a) Aquiles e a tartaruga b) A seta c) O estádio sofisticado e d) A dicotomia [83]

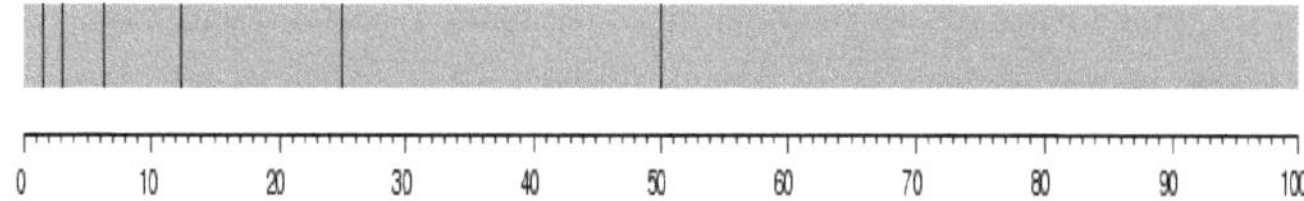


Figura (3.2): dicotomia (não se pode sequer começar - o movimento é ilusão).

Neste contexto, gostaríamos de descrever a história do Senhor Buda (623 a.C.) e do famoso assassino Angulimala. Angulimala vivia numa floresta, no estado de Kosala. O assassino Angulimala matava pessoas para recolher dedos humanos necessários para as oferendas necessárias. Usava uma grinalda com esses dedos para determinar o número exato. Por isso, era conhecido pelo nome de Angulimala (dedo envolto em grinalda). Quando recolheu os dedos de 999 pessoas, o Buda apareceu em cena, radiante com a visão, porque Angulimala pensou que poderia completar o número necessário de dedos (1000 dedos de pessoas) matando o grande asceta e perseguiu o Buda desembainhando a sua espada. O Buda, com os seus poderes psíquicos, criou obstáculos no caminho para que Angulimala não conseguisse aproximar-se dele, embora caminhasse ao seu ritmo habitual. Angulimala correu o mais rápido que pôde, mas não conseguiu ultrapassar o Buda. Esta história é semelhante à história de Aquiles e da tartaruga no paradoxo de Zeno.

O Paradoxo de Zeno em sistemas quânticos foi evidenciado em 1960 por Leonid A Khalfin [136], trabalhando na antiga URSS, e por E.C.G.Sudarshan e B.Mishra trabalhando nos EUA durante a década de 1970. O nome Paradoxo de Zeno Quântico foi dado por E.C.G.Sudarshan e B.Mishra [75] ao fenómeno de inibição de transições entre estados quânticos por medições frequentes [84-86]. Atualmente, o paradoxo de Zeno é utilizado com frequência em vários sistemas quânticos, sendo designado por Efeito Zeno Quântico (ZZQ). Para compreender a essência do QZE, faremos uma breve revisão de alguns conceitos básicos da mecânica quântica e das medições quânticas.

### 3.3 Medição quântica:

A visão mecânica quântica do mundo obrigou-nos a reformular e a rever as nossas ideias da realidade e as noções de causa, efeito e medição. Sem entrar em demasiados pormenores sobre as várias dificuldades conceptuais da mecânica quântica, centrar-nos-emos apenas na descrição mecânica quântica da medição, que é de relevância direta para a descrição do Efeito Zeno Quântico.

A descrição mecânica quântica de um sistema está contida na sua função de onda ou vetor de estado, $|\psi\rangle$ a dinâmica da função de onda é regida pela equação de Schrodinger

$$i\hbar\frac{d}{dt}|\psi\rangle = H|\psi\rangle \tag{3.1}$$

Onde $H$ é o operador Hamiltoniano e a equação é linear, determinística e a evolução temporal por ela regida é unitária. As evoluções unitárias preservam as probabilidades. As variáveis dinâmicas ou observáveis são representadas por operadores harmónicos lineares, que actuam sobre o vetor de estado. Um operador $\hat{A}$ correspondente a uma quantidade, $A$ está associado a um valor próprio $a_i$ e a um vetor próprio correspondente, que forma um conjunto ortonormal completo. Qualquer vetor de estado arbitrário $|\psi\rangle$ pode, em geral, ser representado pela superposição linear destes vectores próprios.

Assim, podemos escrever

$$|\psi\rangle = \sum c_i |\alpha_i\rangle \quad (3.2)$$

Um postulado básico da mecânica quântica relativo à medição é que qualquer medição da quantidade $A$ só pode produzir um valor próprio $a_i$, mas o resultado não é definitivo no sentido em que diferentes medições do estado quântico podem produzir valores próprios diferentes. A teoria quântica prevê que a probabilidade de obter um valor próprio $a_i$ é $|c_i|^2$. A teoria quântica define o valor esperado do operador $\hat{A}$ como

$$\langle \hat{A} \rangle = \langle \psi | \hat{A} | \psi \rangle = \sum a_i |c_i|^2 \quad (3.3)$$

Em termos da matriz de densidade $\hat{\rho} = |\psi\rangle\langle\psi|$, uma fórmula equivalente para o valor de expetativa é $\langle \hat{A} \rangle = Trace\{\hat{A}\hat{\rho}\}$ (3.4)

Para além dos postulados da mecânica quântica de um observável $A$, que produz um dos valores próprios $a_i$ (com probabilidades $|c_i|^2$) culmina com a redução ou colapso do vetor de estado $|\psi\rangle$ para o estado próprio $|\alpha_i\rangle$. Isto significa que todos os termos da sobreposição linear desaparecem, exceto um. Esta redução é um processo não unitário que contrasta completamente com a dinâmica unitária da mecânica quântica prevista pela equação de Schrödinger e é aqui que reside o cerne das dificuldades conceptuais encontradas na teoria quântica. Por agora, limitamo-nos a aceitar este postulado como um postulado básico da teoria quântica e passamos a descrever o efeito Zeno quântico.

### 3.4 Bases matemáticas do efeito Zeno quântico

O decaimento de um sistema quântico pode apresentar um desvio em relação à conhecida lei de decaimento exponencial [140]. O modelo clássico de qualquer decaimento é uma função exponencial do tempo na maioria das situações. O mais evidente é o decaimento radioativo, em que um núcleo inicial dá origem a um núcleo final e a algumas partículas alfa ou beta.

A lei do decaimento radioativo é

$$N(t) = N(t_0)e^{-\lambda(t-t_0)} \quad (3.6)$$

Onde, $N(t)$ é o número de núcleos que não decaíram após o tempo t, e $\lambda$ é uma constante que depende das propriedades da espécie. Embora o modelo quântico seja semelhante ao modelo clássico de decaimento exponencial, há estudos teóricos que mostram que, em determinadas escalas de tempo (especificamente para tempos muito curtos e muito longos, medidos a partir do instante de propagação do estado do sistema), pode haver um desvio da lei exponencial familiar.

Considere o decaimento de um estado quântico instável. Seja $|\psi_0\rangle$ o estado inicial de um sistema no momento $t = 0$ e seja $|\psi(t)\rangle$ o estado em qualquer momento posterior $t$. A evolução do estado é regida por um operador unitário, $U(t)$, em que

$$U(t) = e^{-iHt} \tag{3.7}$$

O vetor de estado no momento t

$$|\psi(t)\rangle = U(t)|\psi_0\rangle \tag{3.8}$$

Aqui $H$ é o Hamiltoniano do sistema em unidades onde $\hbar = 1$. Tal como referido na secção anterior, qualquer observação de que o estado não decaíu provocará uma redução (colapso) da função de onda para o estado não decaído. A probabilidade de sobrevivência, $P(t)$, ou seja, a probabilidade de encontrar o sistema no seu estado inicial depois de ter sido abandonado a si próprio durante um certo período de tempo . $t$

A probabilidade de sobrevivência pode ser escrita como

$$P(t) = \left|\langle\psi_0|e^{-iHt}|\psi_0\rangle\right|^2 \tag{3.9}$$

Onde $e^{-iHt} \approx 1 - iHt - \frac{1}{2}H^2t^2$

Agora (3.9) pode ser expandido como

$$P(t) = 1 - t^2(\langle\psi_0|H^2|\psi_0\rangle - \langle\psi_0|H|\psi_0\rangle^2) + ..... \tag{3.10}$$

Se $\Delta H^2 = \langle\psi_0|H^2|\psi_0\rangle - \langle\psi_0|H|\psi_0\rangle^2$ (3.11)

Então, a probabilidade de sobrevivência num curto espaço de tempo pode ser escrita como

$$P(t) = 1 - t^2 (\Delta H)^2 + ..... \qquad (3.12)$$

Se definirmos $\tau = \frac{1}{\Delta H}$ como o tempo de Zeno, obtemos

$$P(t) = 1 - \frac{t^2}{\tau^2} + ..... \qquad (3.13)$$

Para tempos muito curtos, podemos escrever como

$$P(t) \approx (1 - \frac{t^2}{\tau^2}). \qquad ... (3.14)$$

A expressão acima mostra que o decaimento quântico a curto prazo não é exponencial no tempo, mas sim quadrático. Suponhamos agora que, para N medições com espaçamento igual ao longo de um período de tempo (0,T). Se $\tau$ é o intervalo de tempo entre duas medições, então $T = N\tau$ . Suponhamos que as medições são efectuadas nos tempos T/N, 2T/N... (N-1)T/N e que T é instantâneo. Assim, a probabilidade de sobrevivência após N medições pode ser escrita como

$$P^N(T) = [P(\tau)]^N = (1 - \frac{T^2}{N^2\tau^2})^N. \qquad (3.15)$$

No limite das medições contínuas

$$Lt_{N\to\infty} P^N(T) = Lt_{N\to\infty} \left(1 - \frac{T^2}{N^2\tau^2}\right)^N = 1 \qquad (3.16)$$

Assim, a probabilidade de o estado sobreviver durante um tempo T vai para 1 no limite em que N vai para infinito. Isto significa que as medições contínuas impedem efetivamente o sistema de decair.

No entanto, o limite acima não é físico, por várias razões. De facto, note-se que há uma diferença profunda entre o caso N-finito e o caso N-infinito: Para realizar uma experiência com N finito é apenas necessário ultrapassar problemas práticos, do ponto de vista físico. Claro que isto pode ser uma tarefa muito difícil, na prática. Por outro lado, o caso N $\rightarrow \infty$ é fisicamente inatingível, devendo antes ser encarado como um limite matemático (embora muito interessante). Neste sentido, diremos que o efeito Zeno quântico, com N finito, se transforma num paradoxo Zeno quântico quando N é infinito [139, 140].

### 3.5 Efeito Zeno Quântico nos esquemas V e Λ:

A formulação seminal do efeito Zeno quântico trata da probabilidade de observar um sistema instável no seu estado inicial ao longo de um intervalo de tempo. A proposta de Cook [79] e as experiências de Itano et al [80], investigam a probabilidade de encontrar um sistema instável no seu estado inicial. Essa probabilidade inclui a possibilidade de que a transição do tipo; Estado inicial$\rightarrow$ outro estado$\rightarrow$ estado inicial realmente ocorra. Nesta secção consideramos o caso específico dos esquemas V e Λ e a sua associação com o efeito Zeno quântico.

Um diagrama de níveis de energia para um sistema de três níveis do tipo V é apresentado na Fig. 3.3. O estado$|1\rangle$ é o estado fundamental, o estado$|2\rangle$ é um estado excitado (metastabel) e o estado excitado$|3\rangle$ está ligado ao estado fundamental e só pode decair para o estado$|1\rangle$ . O sistema pode ser conduzido do nível$|1\rangle$ para$|2\rangle$ através da aplicação de um impulso ótico. Para observar as populações de níveis no nível$|3\rangle$ está ligado ao estado fundamental e só pode decair para o estado . O decaimento espontâneo do nível$|2\rangle$ para$|1\rangle$ é negligenciável. A medição é efectuada conduzindo a transição 1-3 e observando o fotão emitido espontaneamente. Se uma medição encontrar um átomo no estado$|1\rangle$ , este nunca sairá do estado durante a medição, mas apenas no final da medição, e os resultados das medições subsequentes serão diferentes para cada medição [141-143]. Se numa medição a partícula se encontra no estado$|1\rangle$ a partícula volta a sair após o fim da medição, nunca sairá do estado durante a medição[144].

Considere-se um sistema atómico de três níveis, como se mostra na Fig. 3.3, no qual um campo de frequência $\omega$ provoca oscilações de Rabi entre os níveis$|1\rangle$ e$|2\rangle$ . Mais uma vez, $P_1$ (t) e $P_2$ (t) são a probabilidade de o átomo estar no estado$|1\rangle$ e$|2\rangle$ , respetivamente.

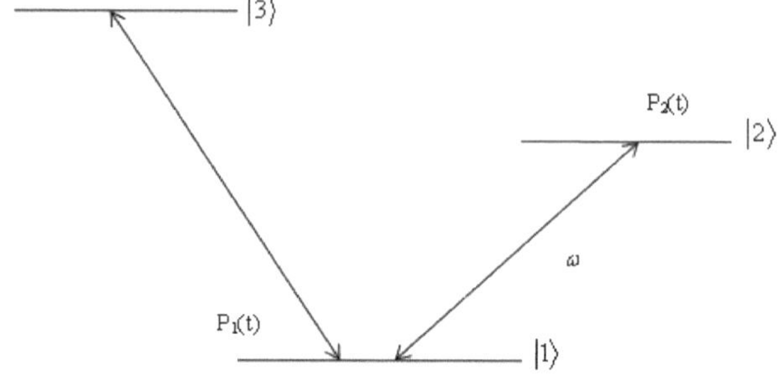


Fig. 3.3: Diagrama esquemático de nível superior
(Para demonstração do efeito Zeno Quântico)

Na aproximação de onda rotativa e na ausência de dessintonização, as equações de movimento para a matriz de densidade $\rho_{ij}\,(i,j=1,2)$

$$\dot{\rho}_{11} = i\frac{\omega}{2}(\rho_{21} - \rho_{12})$$

$$\dot{\rho}_{12} = i\frac{\omega}{2}(\rho_{22} - \rho_{11}) \tag{3.16}$$

$$\dot{\rho}_{22} = i\frac{\omega}{2}(\rho_{12} - \rho_{21})$$

Introdução de acordo com a ref [145, 146]

$$R_1 = \rho_{21} + \rho_{12}$$

$$R_2 = i(\rho_{12} - \rho_{21}) \tag{3.17}$$

$$R_3 = \rho_{22} - \rho_{11} = P_2 - P_1$$

Tomando a derivada da equação (3.17) em relação ao tempo e utilizando a equação (3.16)

obtemos

$$\frac{dR_1}{dt} = \frac{d\rho_{21}}{dt} + \frac{d\rho_{12}}{dt} = i\frac{\omega}{2}\{(\rho_{22} - \rho_{11}) - (\rho_{22} - \rho_{11})\} = 0$$

$$\frac{dR_2}{dt} = i\left\{\frac{d\rho_{12}}{dt} - \frac{d\rho_{21}}{dt}\right\} = i\left[i\frac{\omega}{2}[\{(\rho_{22} - \rho_{11})\} - \{-(\rho_{22} - \rho_{11})\}]\right]$$

$$= -\frac{\omega}{2} 2(\rho_{22} - \rho_{11})$$

$$= -\omega R_3$$

$$\frac{dR_3}{dt} = \left\{ \frac{d\rho_{22}}{dt} - \frac{d\rho_{11}}{dt} \right\} = i\frac{\omega}{2}[(\rho_{12} - \rho_{21})\} - (\rho_{21} - \rho_{12})]$$

$$= i\frac{\omega}{2}[(\rho_{12} - \rho_{21})\} + (\rho_{12} - \rho_{21})]$$

$$= i\frac{\omega}{2} 2(\rho_{12} - \rho_{21})$$

$$= \omega R_2 \qquad (3.18)$$

O conjunto de equações acima pode ser substituído pela precessão do vetor de Bloch $\vec{R}$ onde $\vec{R} = (R_1, R_{2,} R_3)$ e $\omega = (\omega, 0, 0)$ por

$$\frac{d\vec{R}}{dt} = \vec{\omega} \times \vec{R} \qquad (3.19)$$

A representação geométrica da equação (3.19) é que $\vec{R}$ precessa com magnitude e velocidade angular fixas $\omega$ . A solução da equação acima na condição inicial, se o átomo estiver no estado fundamental em t=0, $\vec{R} = (0,0,-1)$ (apenas o nível um é inicialmente povoado) é

$$\vec{R}(t) = [0, \sin \omega t, -\cos \omega t]$$

(3.20)

Se a transição entre os dois níveis for efectuada por um impulso ressonante $\pi$ de duração $T = \frac{\pi}{\omega}$ , obtém-se $\vec{R}(T) = (0,0,1)$ de modo a que $\rho_{22} = 1$ $\rho_{11} = 0$ e apenas o nível 2 seja preenchido no momento $T$ . Uma medição no tempo $\tau = \frac{\pi}{N\omega}$ é efectuada no sistema por um impulso de "medição" muito curto, que provoca a passagem do nível $|1\rangle$ para o nível $|3\rangle$ , com a subsequente emissão espontânea de um fotão. O impulso de medição projecta o átomo no nível $|1\rangle$ ou $|2\rangle$ . Como a medição elimina os termos fora da diagonal $\rho_{12}$ e $\rho_{21}$ da matriz de densidade, deixando inalterados os seus termos diagonais $\rho_{11}$ e $\rho_{22}$ , obtém-se que

$$\vec{R}(\frac{\pi}{N\omega}) = [0, \sin\frac{\pi}{N}, -\cos\frac{\pi}{N}] \rightarrow [0,0,-\cos\frac{\pi}{N}] = \vec{R}^1 \qquad (3.21)$$

De seguida, a evolução recomeça, de acordo com a equação (3.19), mas com a nova condição inicial $\vec{R}^1$ . Após N medições, no tempo $T = N\tau = \frac{\pi}{\omega}$

$$\vec{R}(\frac{\pi}{N\omega}) = [0,0,-\cos N\frac{\pi}{N}] \rightarrow [0,0,-\cos\frac{\pi}{N}] = \vec{R}^N \qquad (3.22)$$

Da equação (3.17) e da conservação da probabilidade no sistema de dois níveis , $P_1 + P_2 = 1$

Obtemos que

$$\begin{aligned} P_2 &= R_3 + P_1 \\ &= R_3 + (1 - P_2) \\ &= \frac{1}{2}(1 + R_3) \end{aligned}$$

Substituindo o valor de $R_3(T)$ da equação (3.21) para (3.22), temos $P_2^N(T) = \frac{1}{2}\left[1 - \cos^N(\frac{\pi}{N})\right]$ . Então a probabilidade de o átomo estar no nível $|2\rangle$ ou $|1\rangle$ no tempo T, após N medições, é dada por

$$P_2^N(T) = \frac{1}{2}\left[1 - \cos^N(\frac{\pi}{N})\right] \qquad (3.23)$$

$$P_1^N(T) = 1 - P_2^N(T) = \frac{1}{2}\left[1 + \cos^N(\frac{\pi}{N})\right] \qquad (3.24)$$

Simplesmente tomando o limite de (3.23) e (3.24), pode mostrar-se que $P_2(T)$ diminui à medida que $N$ aumenta. Estes resultados serão mostrados numericamente neste capítulo.

Para grandes , $N$ cos $(\frac{\pi}{N}) \approx 1 - \frac{1}{2}(\frac{\pi}{N})^2$

$$\left(\cos\ (\frac{\pi}{N})\right)^N \approx \left(1 - \frac{1}{2}(\frac{\pi^2}{N})\frac{1}{N}\right)^N \rightarrow e^{-\frac{\pi^2}{2N}}$$

Assim, também a probabilidade de transição induzida assume a forma

$$P_2^N(T) = e^{-\frac{\pi^2}{2N}} \qquad \text{em } N \rightarrow \alpha \quad (3.25)$$

Como $N \rightarrow \alpha$ $P_2(T) \rightarrow 0$ e $P_1(T) \rightarrow 1$ , isto é interpretado a partir das equações acima (3.23) e (3.24) como a probabilidade de encontrar a partícula (átomo) $|1\rangle$ é máxima. A medição contínua descrita acima inibe as transições induzidas de $|1\rangle$ para $|2\rangle$ , fazendo com que o sistema congele no nível $|1\rangle$ , o que é designado por efeito Zeno quântico. Embora $N \rightarrow \alpha$ não seja físico para uma situação física, podemos tomar N como finito. A equação mostra que (3.23) e (3.24) indicam que, à medida que N aumenta, a probabilidade de encontrar a partícula (átomo) diminui no estado $|2\rangle$ mas aumenta no estado . $|1\rangle$

### 3.6 Efeito Zeno quântico nos esquemas Λ e V de lasing sem inversão:

O mecanismo físico da LWI pode ser explicado em termos de interferência quântica induzida por campos coerentes. Na interação de um sistema de três níveis com um campo intenso, a evolução da população regida pela flutuação de Rabi desempenha o papel de evolução contínua não linear, enquanto os processos irreversíveis, como a emissão espontânea, as colisões e o bombeamento incoerente, são responsáveis pelo colapso da função de onda ou pelo processo de medição. O efeito Zeno quântico também desempenha um papel importante na explicação do LWI.Nesta secção discutimos o LWI em esquemas de três níveis do tipo Λ e V em termos de efeito Zeno quântico. Os sistemas de três níveis do tipo Λ e do tipo V mostrados na Fig (3.4a) são dois modelos típicos de lasing sem inversão.

Consideramos um sistema de três níveis do tipo V [ver Fig.4 (a)] com o estado inferior $|1\rangle$ e os estados excitados $|2\rangle$ e $|3\rangle$ . A transição $|2\rangle \leftrightarrow |1\rangle$ com a frequência $\nu_{21}$ é acionada por um campo de acoplamento forte e coerente de frequência $\omega_c$ com uma frequência Rabi $\Omega_{21}$ . Um campo de sonda fraco e coerente de frequência $\omega_p$ com frequência Rabi $\Omega_{31}$ é aplicado à transição $|3\rangle \leftrightarrow |1\rangle$ . As taxas de decaimento espontâneo dos estados $|2\rangle$ e $|3\rangle$ para o estado $|1\rangle$ são $\gamma_{21}$ e $\gamma_{31}$ respetivamente e , $\lambda_3$ $\lambda_2$ são taxas de bombagem incoerentes dos níveis do estado excitado. Para o ganho na transição em que ocorre o lasing, a condição no sistema de três níveis é que a taxa de decaimento espontâneo do estado $|2\rangle$ para $|1\rangle$ deve exceder a taxa de decaimento espontâneo do estado $|3\rangle$ para $|1\rangle$ , ou seja, $\gamma_{21} > \gamma_{31}$ . O número médio de fotões térmicos por modo no canal $|3\rangle \leftrightarrow |1\rangle$ excede o do canal $|2\rangle \leftrightarrow |1\rangle$

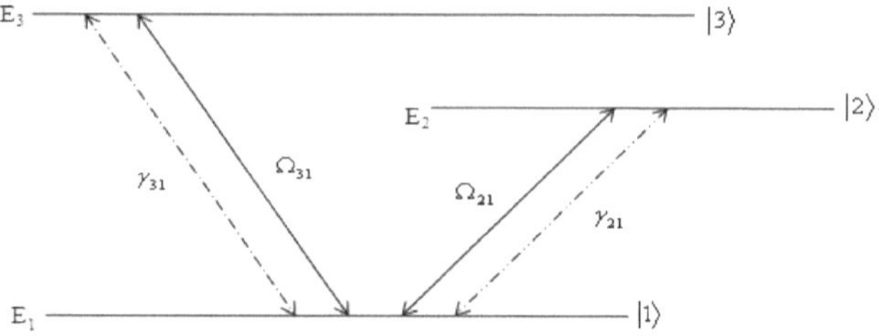


**Fig 3.4(a) Diagrama esquemático do sistema de três níveis do tipo V para LWI e QZE**

Num sistema de três níveis do tipo Λ mostrado na Fig.4 (b) com os estados inferiores $|1\rangle$ e $|2\rangle$ o estado excitado $|3\rangle$ . A transição $|2\rangle \leftrightarrow |3\rangle$ é conduzida por um forte campo de acoplamento coerente de frequência $\omega_c$ com uma frequência Rabi $\Omega_{32}$ . Um campo de sonda fraco e coerente de frequência $\omega_p$ com frequência Rabi $\Omega_{31}$ é aplicado à transição $|1\rangle \leftrightarrow |3\rangle$ . As taxas de decaimento espontâneo dos estados $|3\rangle$ para os estados $|2\rangle$ e $|1\rangle$ são $\gamma_{32}$ e $\gamma_{31}$ respetivamente e , $\lambda_3$ $\lambda_2$ são taxas de bombagem incoerentes dos níveis de estado excitado. Para o ganho na transição em que ocorre o lasing, a condição no sistema de três níveis é que a taxa de decaimento espontâneo do estado $|3\rangle$ para $|2\rangle$ deve exceder a taxa de decaimento espontâneo do estado $|3\rangle$ para $|1\rangle$ , ou seja, $\gamma_{32} > \gamma_{31}$ . O número médio de fotões térmicos por modo no canal excede o do canal $|3\rangle \leftrightarrow |2\rangle$ .

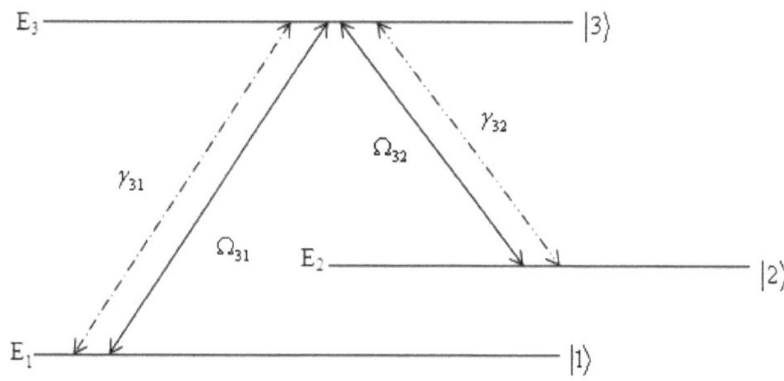


**Fig 3.4(b): Diagrama esquemático do sistema de três níveis do tipo Λ para LWI e QZE**

Em ambos os casos, é necessário que a taxa de decaimento espontâneo entre os níveis de energia mais baixos exceda a dos níveis de energia mais elevados e que o número médio de fotões térmicos por modo entre os níveis de energia mais elevados exceda o dos níveis de energia mais baixos. Em ambos os casos, o ganho é geralmente explicado em termos de interferência destrutiva entre diferentes caminhos de excitação e ( $|1\rangle \rightarrow |3\rangle$ ) e ( $|1\rangle \rightarrow |2\rangle \rightarrow |1\rangle \rightarrow |3\rangle$ ) produzindo um cancelamento da absorção. O forte campo de condução na transição $|2\rangle \leftrightarrow |1\rangle$ e o rápido decaimento do estado $|2\rangle$, emissão espontânea do nível $|2\rangle$ é um processo incoerente dominante. Cada deteção de um fotão de emissão espontânea faz colapsar a função de onda no estado fundamental $|1\rangle$ . A transição $|2\rangle \leftrightarrow |1\rangle$ , designada por medição, é também causada por uma bomba incoerente que suprime a absorção coerente. Esta situação pode ser considerada como um efeito Zeno quântico. Esta medição contínua (transição $|2\rangle \leftrightarrow |1\rangle$ ) congela o sistema no estado . $|1\rangle$

Mais uma vez, podemos dizer que, se assumirmos que, tal como nos esquemas V, o nível $|2\rangle$ aumenta gradualmente (povoado), atinge metade do caminho entre $|1\rangle$ e $|3\rangle$ e aumenta ainda mais, mas nunca atingirá o nível do solo $|1\rangle$ , tal como acontece nos esquemas Λ. Verifica-se que, devido à proximidade de dois níveis, há incerteza na realização de transições para o nível superior ou inferior, dependendo se o sistema é do tipo Λ ou do tipo V, resultando em interferências destrutivas [58-57].

### 3.7 Uma representação numérica do efeito Zeno Quântico:

As equações (3.23) e (3.24) dão a Probabilidade de Sobrevivência das partículas para os estados $|1\rangle$ e $|2\rangle$ . Em ambas as equações, a condição $N \rightarrow \alpha$ é de natureza não-física. O termo "número infinito de medições" não tem qualquer significado. Para uma situação física, podemos delimitar o número de medições a um valor definido. Aqui representamos a relação entre o número de medições e a probabilidade de sobrevivência de um átomo no estado $|2\rangle$ e desenhamos um gráfico: número de medições versus probabilidade de sobrevivência. Na tabela (3.1) são apresentados os dados para o gráfico. O valor da probabilidade varia entre 0 e 1 e o número de medições N varia entre 1 e 100. As equações (3.23) e (3.24) têm em conta que um nível é repovoado depois de o átomo ter feito a transição para o outro nível. A probabilidade de transição de um estado pode ser representada em termos de probabilidade de sobrevivência. A partir da tabela, verifica-se que a probabilidade **$P_1$ (T)**de encontrar o átomo no nível 1 aumenta para um grande número de medições, mas verifica-se que a probabilidade **$P_2$ (T)**de encontrar o átomo no nível 2 diminui.

**Quadro 3.1**

**Números de medições e probabilidade de sobrevivência**

| N | $P_2$ (T) | $P_1$ (T) | N | $P_2$ (T) | $P_1$ (T) | N | $P_2$ (T) | $P_1$ (T) | N | $P_2$ (T) | $P_1$ (T) |
|---|---|---|---|---|---|---|---|---|---|---|---|
| 1 | 1.000 | 0.000 | 26 | 0.087 | 0.913 | 51 | 0.046 | 0.954 | 76 | 0.031 | 0.969 |
| 2 | 0.500 | 0.500 | 27 | 0.084 | 0.916 | 52 | 0.045 | 0.955 | 77 | 0.031 | 0.969 |
| 3 | 0.438 | 0.563 | 28 | 0.081 | 0.919 | 53 | 0.044 | 0.956 | 78 | 0.031 | 0.969 |
| 4 | 0.375 | 0.625 | 29 | 0.078 | 0.922 | 54 | 0.044 | 0.956 | 79 | 0.030 | 0.970 |
| 5 | 0.327 | 0.673 | 30 | 0.076 | 0.924 | 55 | 0.043 | 0.957 | 80 | 0.030 | 0.970 |
| 6 | 0.289 | 0.711 | 31 | 0.074 | 0.926 | 56 | 0.042 | 0.958 | 81 | 0.030 | 0.970 |
| 7 | 0.259 | 0.741 | 32 | 0.072 | 0.928 | 57 | 0.041 | 0.959 | 82 | 0.029 | 0.971 |
| 8 | 0.235 | 0.765 | 33 | 0.070 | 0.930 | 58 | 0.041 | 0.959 | 83 | 0.029 | 0.971 |
| 9 | 0.214 | 0.786 | 34 | 0.068 | 0.932 | 59 | 0.040 | 0.960 | 84 | 0.029 | 0.971 |
| 10 | 0.197 | 0.803 | 35 | 0.066 | 0.934 | 60 | 0.039 | 0.961 | 85 | 0.028 | 0.972 |
| 11 | 0.183 | 0.817 | 36 | 0.064 | 0.936 | 61 | 0.039 | 0.961 | 86 | 0.028 | 0.972 |
| 12 | 0.170 | 0.830 | 37 | 0.063 | 0.937 | 62 | 0.038 | 0.962 | 87 | 0.028 | 0.972 |
| 13 | 0.159 | 0.841 | 38 | 0.061 | 0.939 | 63 | 0.038 | 0.962 | 88 | 0.027 | 0.973 |
| 14 | 0.150 | 0.850 | 39 | 0.059 | 0.941 | 64 | 0.037 | 0.963 | 89 | 0.027 | 0.973 |
| 15 | 0.141 | 0.859 | 40 | 0.058 | 0.942 | 65 | 0.037 | 0.963 | 90 | 0.027 | 0.973 |
| 16 | 0.133 | 0.867 | 41 | 0.057 | 0.943 | 66 | 0.036 | 0.964 | 91 | 0.026 | 0.974 |
| 17 | 0.127 | 0.873 | 42 | 0.055 | 0.945 | 67 | 0.036 | 0.964 | 92 | 0.026 | 0.974 |
| 18 | 0.120 | 0.880 | 43 | 0.054 | 0.946 | 68 | 0.035 | 0.965 | 93 | 0.026 | 0.974 |
| 19 | 0.115 | 0.885 | 44 | 0.053 | 0.947 | 69 | 0.035 | 0.965 | 94 | 0.026 | 0.974 |
| 20 | 0.110 | 0.890 | 45 | 0.052 | 0.948 | 70 | 0.034 | 0.966 | 95 | 0.025 | 0.975 |
| 21 | 0.105 | 0.895 | 46 | 0.051 | 0.949 | 71 | 0.034 | 0.966 | 96 | 0.025 | 0.975 |
| 22 | 0.101 | 0.899 | 47 | 0.050 | 0.950 | 72 | 0.033 | 0.967 | 97 | 0.025 | 0.975 |
| 23 | 0.097 | 0.903 | 48 | 0.049 | 0.951 | 73 | 0.033 | 0.967 | 98 | 0.025 | 0.975 |
| 24 | 0.093 | 0.907 | 49 | 0.048 | 0.952 | 74 | 0.032 | 0.968 | 99 | 0.024 | 0.976 |

| 25 | 0.090 | 0.910 | 50 | 0.047 | 0.953 | 75 | 0.032 | 0.968 | 10<br>0 | 0.024 | 0.976 |
|---|---|---|---|---|---|---|---|---|---|---|---|

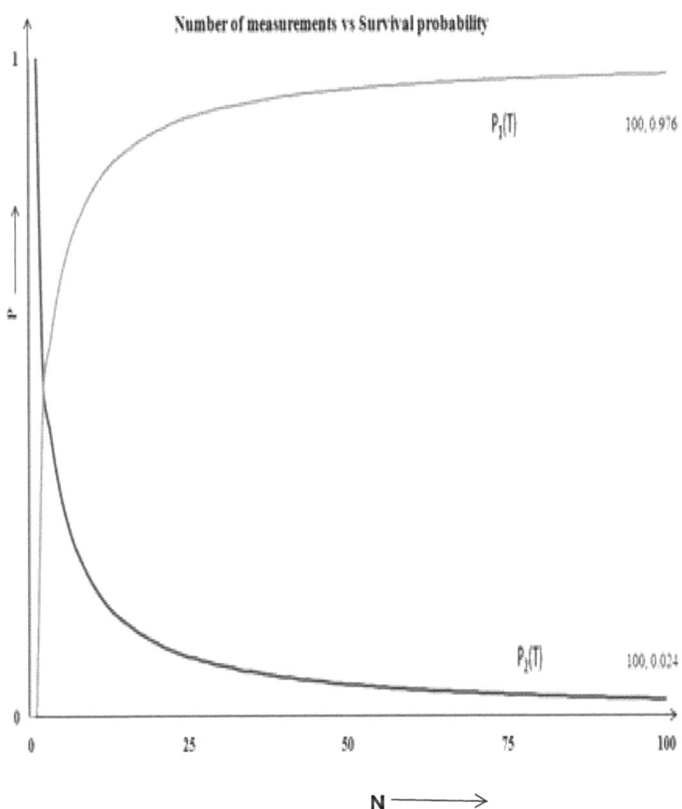


**Fig: 3.5 Gráfico do número de medições e da probabilidade de sobrevivência**

A Fig. 3.5 mostra o gráfico do número de medições e a probabilidade de sobrevivência. À medida que o número de medições aumenta, a probabilidade de encontrar a partícula no estado 2 diminui. Isto representa a inibição da transição ou efeito Zeno quântico. A partir da tabela acima, encontramos também a probabilidade de transição do estado 2 para o estado 1. Neste caso, a probabilidade de transição do estado 2 para o estado 1 diminui com o aumento do número de medições. Na Fig. 3.5, a curva $P_2$ (T) representa a probabilidade de transição do estado 2 e vemos que a natureza da diminuição da probabilidade de transição. Assim, a discussão acima deixa claro que a medição impede a transição. Este facto pode levar a uma explicação clara do lasing sem inversão. Outros trabalhos poderão abrir uma porta para a explicação do LWI em termos do efeito Zeno Quântico.

## O sistema de três níveis de Bloembergen

### 4.1 Introdução:

No capítulo anterior tivemos a oportunidade de discutir especificamente o fenómeno do efeito Zeno Quântico e a sua relação com o Lasing sem inversão. O efeito Zeno Quântico diz respeito ao fenómeno de inibição das transições entre estados quânticos por medições frequentes. No presente capítulo, trabalhamos a condição de lasing sem inversão usando sistemas de três níveis. Deve-se notar que, na maioria dos esquemas envolvendo sistemas Λ ou V, um campo forte e outro campo fraco podem ser incidentes e acoplados a um campo externo do sistema de três níveis. Embora o sistema de três níveis de Bloembergen tenha sido introduzido há cinco décadas, a física básica do Lasing sem inversão foi observada nos sistemas de três níveis de Bloembergen. Na secção seguinte, descrevemos em pormenor as caraterísticas essenciais.

### 4.2 Maser de três níveis

O método dos três níveis de inversão da população foi inicialmente proposto por Basov e Prokhorov [147], que o sugeriram para aplicação num aparelho de feixe molecular. Bloembergen [15] sugeriu subsequentemente que o método poderia ser facilmente aplicável a sólidos diamagnéticos contendo uma concentração fraca de iões paramagnéticos, tendo apresentado o tratamento teórico do maser de três níveis.

Considere um material com níveis de energia relevantes, como mostra a Fig.4.1. Os estados estacionários são caracterizados por frequências ressonantes de energia E. Onde h é a constante de Planck.

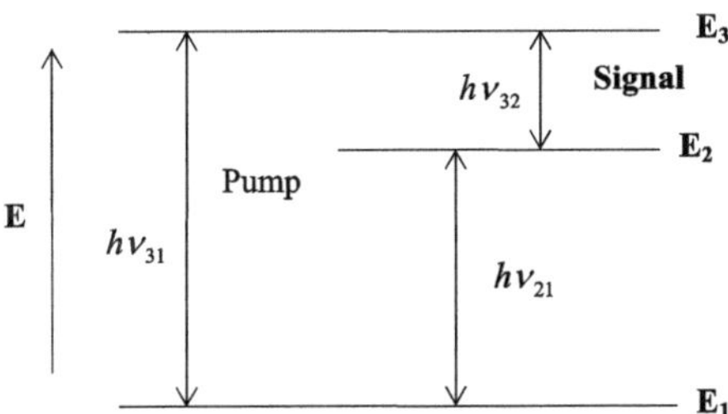

**Figura 4.1: Esquema de maser de três níveis**

No equilíbrio térmico, as populações dos estados são dadas pelo número de Boltzman

$$n_i^e = \frac{N}{Z} e^{-E_i/kT} \tag{4.1}$$

Onde i=1,2,3 e Z é uma constante de normalização . $Z = \sum_i e^{-E_i/kT}$

Assume-se que $N = n_1^e + n_2^e + n_3^e$ , em equilíbrio térmico as populações diminuem com o aumento da energia de estado e o conjunto absorverá energia de um campo de radiação incidente. Suponhamos que dois campos de radiação incidem sobre um conjunto, um muito intenso, com uma frequência próxima da ressonância $\nu_{31}$ e um muito fraco próximo de $\nu_{32}$ Se o campo em $\nu_{31}$ for suficientemente intenso (1,3), a transição pode ser saturada, o que significa que

$$n_1 \cong n_2 \cong \frac{1}{2}\left(n_1^e + n_2^e\right) \tag{4.2}$$

Onde $n_1^e, n_2^e$ e $n_3^e$ são as populações no estado 1,2e 3, respetivamente. Também o número total de átomos N é dado por . $\mathrm{N} = n_1^e + n_2^e + n_3^e$

Assumindo que este processo de saturação não perturba o sistema no estado 2, é razoável acreditar que pode ser realizada uma condição em que $n_3^e \rangle n_2^e$ , caso em que o conjunto se encontra num estado emissivo relativamente ao campo na frequência $\nu_{32}$ . Além disso, se se assumir que os processos de relaxação estão operacionais no conjunto e que são caracterizados por probabilidades de transição

$$\Gamma_{12} = \Gamma_{21} e^{-h\nu_{21}/kT} \quad , \Gamma_{13} = \Gamma_{31} e^{-h\nu_{31}/kT} \ \text{e} \ \Gamma_{23} = \Gamma_{32} e^{-h\nu_{32}/kT} \tag{4.3}$$

Assume-se que a transição (1, 3) é saturada devido a um campo intenso na frequência $\nu_{31}$ , enquanto que um campo fraco na frequência $\nu_{32}$ é suposto induzir transições entre os estados 2 e 3. As probabilidades de transições induzidas para o sistema por unidade de tempo são designadas por , $B = B_{1331}$ . e $B_{23} = B_{32}$

A taxa de variação da população de n é então

$$\frac{dn_3}{dt} = \Gamma_{13}n_1 - \Gamma_{31}n_3 + \Gamma_{23}n_2 - \Gamma_{32}n_3 + \mathrm{B}_{13}n_1 - \mathrm{B}_{31}n_3 + \mathrm{B}_{23}n_2 - \mathrm{B}_{32}n_3$$
$$= (\Gamma_{13}n_1 - \Gamma_{31}n_3) + (\Gamma_{23}n_2 - \Gamma_{32}n_3) + \mathrm{B}_{13}(n_1 - n_3) + \mathrm{B}_{23}(n_2 - n_3)$$

$$\frac{dn_2}{dt} = (\Gamma_{32}n_3 - \Gamma_{23}n_2) + (\Gamma_{12}n_1 - \Gamma_{21}n_2) + \mathrm{B}_{23}(n_3 - n_2)$$

$$\frac{dn_1}{dt} = -n_2 - n_1 \qquad (4.4)$$

Se se assumir que $h\nu_{31} \langle kT$ , então $e^{h\nu_{31}/kT} = 1 + h\nu_{31}/kT$ e $n_3(1 + \frac{h\nu_{31}}{kT}) \cong n_3 + \frac{N}{3}\frac{h\nu_{31}}{kT}$

Por conseguinte, em estado estacionário, a equação (4.4) passa a ser

$$(\Gamma_{13} + \mathrm{B}_{13})n_1 + (\Gamma_{23} + \mathrm{B}_{23}) - (\Gamma_{13} + \Gamma_{23} + \mathrm{B}_{13} + \mathrm{B}_{23})n_3 = \frac{Nh}{3kT}(\Gamma_{13}\nu_{31} + \Gamma_{23}\nu_{32})$$

(4.5)

$$\Gamma_{12}n_1 - (\Gamma_{23} + \Gamma_{12} + \mathrm{B}_{23})n_2 - (\Gamma_{23} + \mathrm{B}_{23})n_3 = \frac{Nh}{3kT}(\Gamma_{12}\nu_{21} - \Gamma_{23}\nu_{32}) \qquad (4.6)$$

$$N = n_1 + n_2 + n_3 \qquad (4.7)$$

O campo de saturação em $\nu_{31}$ será considerado suficientemente intenso para permitir uma aproximação em que $B_{13}$ é muito maior do que $B_{23}$ e $\Gamma_{ij}$ com $n_1 \cong n_3 = n$ , utilizando estas aproximações obtemos as equações (4.5) e (4.6)

$$(\Gamma_{23} + \mathrm{B}_{23})n_2 = \frac{Nh}{3kT}(\Gamma_{13}\nu_{31} + \Gamma_{23}\nu_{32}) \qquad (4.8)$$

$$(\Gamma_{23} + \Gamma_{12} + \mathrm{B}_{23})(n_1 - n_2) = \frac{Nh}{3kT}(\Gamma_{12}\nu_{21} - \Gamma_{23}\nu_{32}) \qquad (4.9)$$

$$N = 2n + n_2 \qquad (4.10)$$

Por conseguinte, temos

$$(n_1 - n_2) = (n - n_2) = (n_3 - n_2) = \frac{Nh}{3kT}\frac{(\Gamma_{12}\nu_{21} - \Gamma_{23}\nu_{32})}{(\Gamma_{23} + \Gamma_{12} + \mathrm{B}_{23})} \qquad (4.11)$$

Assim, se $\Gamma_{12}\nu_{21} \rangle \Gamma_{23}\nu_{32}$ for $n_3 \rangle n_2$ ,em estado estacionário, e a emissão estimulada líquida ocorrer a

$$\nu = \nu_{32}$$

O conjunto emitirá energia a um ritmo

$$P = \frac{Nh^2\nu_{32}}{3kT}\left(\frac{\Gamma_{12}\nu_{21} - \Gamma_{23}\nu_{32}}{\Gamma_{12} + \Gamma_{23} + B_{23}}\right)B_{23} \qquad (4.12)$$

Para $B_{23}$ longe do valor requerido para a saturação, e para todos os $\Gamma_{ij}$ iguais, onde $i, j = 1,2,3$ so $\Gamma_{12} = \Gamma_{13} = \Gamma_{23}$ e negligenciando $B_{23}$ no denominador da equação (4.12), então a equação torna-se

$$P = \frac{N}{3kT}h^2\nu_{32}\frac{\Gamma_{12}(\nu_{21} - \nu_{32})}{2\Gamma_{12} + B_{23}}B_{23}$$

$$= \frac{N}{3kT}h^2\nu_{32}\frac{\Gamma_{12}(\nu_{21} - \nu_{32})}{2\Gamma_{12}}B_{23}$$

$$= \frac{1}{2}\frac{N}{3kT}(h\nu_{21} - h\nu_{32})B_{23}h\nu_{32} \quad .1$$

$$= \frac{1}{2}\frac{N}{3}\left(\frac{h\nu_{21}}{kT} - \frac{h\nu_{32}}{kT}\right)B_{23}h\nu_{32} \qquad (4.13)$$

A potência útil só é positiva quando $\Gamma_{23}\nu_{32}\langle\Gamma_{12}\nu_{21}$

Ou desde $\nu_{21} = \nu_{31} - \nu_{32}$

Quando $\nu_{21}\rangle\frac{\Gamma_{23}\nu_{32}}{\Gamma_{12}}$

assim $\nu_{31}\rangle\nu_{32}(1 + \frac{\Gamma_{23}}{\Gamma_{12}})$ (4.14)

Para $\Gamma_{23} = \Gamma_{21}$ a equação .(4.14) pode ser escrita como

$$\nu_{31}\rangle 2\nu_{32} \qquad (4.15)$$

Assim, o maser de três níveis requer fontes de potência de saturação ou de bombagem a frequências aproximadamente duplas da frequência do sinal. Um dos critérios para que a ação do maser possa ser alcançada num sistema de três níveis é que $\nu_{31}\rangle\nu_{32}(1 + \frac{\Gamma_{23}}{\Gamma_{12}})$ . Além disso, observa-se que, numa montagem, outros factores estão a ser fixados, um aumento em N produz um aumento em $P_e$ . A operação será melhorada neste processo, mas tem algumas limitações. O aumento de N resulta na aproximação do sistema, o que aumenta as interações entre sistemas. Assim, a análise acima apresentada deixa de ser válida. Assim, o efeito global de um valor demasiado elevado de N é uma diminuição em $P_e$ . À medida que a temperatura T diminui, todos os outros parâmetros são fixos $P_e$ tende para um valor mais elevado. Isto mostra que, para potências mais elevadas, é desejável uma temperatura baixa. Um terceiro parâmetro é $B_{23}$ . Em todos os casos, como em $B_{23} \langle\langle \Gamma_{12} + \Gamma_{23}$ , a potência líquida emitida é diretamente proporcional a $B_{23}$ . A saturação da potência pode, no entanto, ocorrer em $B_{23} \langle\langle \Gamma_{12} + \Gamma_{23}$ . Assim, a amplificação linear exige que a intensidade do sinal esteja longe do valor necessário para saturar a transição do sinal.

Além disso, escrevemos a equação (4.14) como

$$\nu_{31} \rangle \nu_{32} (1 + \frac{\Gamma_{23}}{\Gamma_{12}})$$

$$\Rightarrow \frac{\nu_{31}}{\nu_{32}} \rangle (1 + \frac{\Gamma_{23}}{\Gamma_{12}})$$

$$\Rightarrow \frac{\nu_{32}}{\nu_{31}} \rangle (1 - \frac{\Gamma_{23}}{\Gamma_{12}})$$

$$\Rightarrow \frac{\Gamma_{23}}{\Gamma_{12}} \langle \left( 1 - \frac{\nu_{32}}{\nu_{31}} \right) \tag{4.15b}$$

Sem perturbar a generalidade, podemos escrever a equação (4.14) como

$$\frac{\Gamma_{23}}{\Gamma_{12}} \langle \left( 1 - \frac{\nu_{32}}{\nu_{31}} t \right) \tag{4.15c}$$

Onde t representa o tempo de funcionamento. Como indicado acima, um aumento de N na equação (4.13) aproxima o sistema, o que aumenta as interações intersistemas e diminui $P_e$ a um valor elevado de N. Gostaríamos de analisar a questão à luz da teoria da medição quântica e do efeito Zeno quântico. Se considerarmos a interação intersistemas como uma medição, então cada medição fará com que o átomo se encontre no seu estado inicial. Se considerarmos o intervalo de tempo [0,T] e a interação (medição) ocorrer nesse intervalo, o tempo necessário para cada interação será T/n,T/n-1,T/n-2........T. Vamos escrever a equação (4.15c) para um número n de medições de forma aproximada como

$$\left(\frac{\Gamma_{23}}{\Gamma_{12}}\right)^{n}=\left(1-\frac{\nu_{32}}{\nu_{31}}t\right)^{n}$$

Aqui t=T/n e também consideramos que n aumenta para infinito, então a equação pode ser escrita como

$$\underset{n\to\infty}{Lt}\left(\frac{\Gamma_{23}}{\Gamma_{12}}\right)^{n}=\underset{n\to\infty}{Lt}\left(1-\frac{\nu_{32}}{\nu_{31}}\frac{T}{n}\right)^{n} \tag{4.15 d}$$

O lado direito da equação será sempre 1. A partir desta equação, encontramos a condição $\Gamma_{23}=\Gamma_{21}$ , pelo que podemos concluir que qualquer que seja o valor de N, se representar uma maior interação, podemos dizer que a relação acima é válida para todos. A equação (4.15d) representa o efeito Zeno Quântico.

### 4.3 Lasing sem inversão em esquemas de três níveis de Bloembergen

Suponha que dois campos de radiação incidem sobre um conjunto: um muito intenso, com frequência próxima $\nu_{21}$ da transição $2\to 1$ e um muito fraco, próximo de $\nu_{31}$ , como mostra a figura 4.2

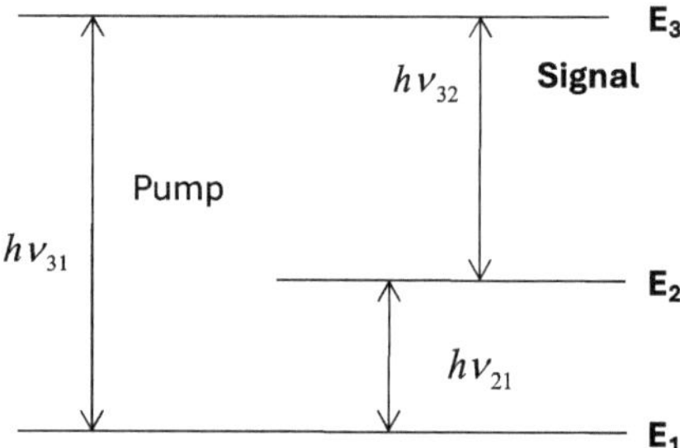


**Fig . 4.2: Sistema de energia de três níveis**

Se $\nu_{21}$ for suficientemente intenso, a transição $(1\leftrightarrow 2)$ pode ser saturada com o resultado $n_1\cong n_2$ e pode verificar-se uma condição em que $n_1\rangle n_3$ .a transição (1,2)é saturada devido a um campo intenso, enquanto se assume que um campo fraco à frequência $\nu_{31}$ induz transições entre os estados 1 ,3. As probabilidades de transição induzidas para o sistema por unidade de tempo são designadas por $B_{12}=B_{21}$ e $B_{13}=B_{31}$ . No estado estacionário para a taxa de variação da população, temos

$$(\Gamma_{13}+B_{31})n_3+(\Gamma_{12}+B_{21})n_2-(\Gamma_{31}+\Gamma_{21}+\mathrm{B}_{21}+\mathrm{B}_{31})n_1=\frac{Nh}{3kT}(\Gamma_{13}\nu_{31}-\Gamma_{21}\nu_{21})$$

(4.16)

$$\text{ou}(\Gamma_{13}+\mathrm{B}_{13})n_1+\Gamma_{23}n_2-(\Gamma_{13}+\Gamma_{23}+\mathrm{B}_{13}+)n_3=\frac{Nh}{3kT}(\Gamma_{13}\nu_{31}+\Gamma_{23}\nu_{32}) \quad (4.17)$$

Como o $\nu_{21}$ é intenso $n_1 \cong n_2 = n$

$$(\Gamma_{31}+B_{31})(n_3-n_1)=\frac{N\hbar}{3KT}(\Gamma_{131}\nu_{31}-\Gamma_{12}\nu_{21}) \quad (4.18)$$

Isto é $n_3-n_1=n_3-n=-ve$ (4.19)

A partir da equação (4.18), quando $n_1\rangle n_3$ está em estado estacionário, a emissão espontânea líquida é cancelada e a emissão estimulada ocorre na frequência $\nu_{13}$ . Mais uma vez, consideramos que duas radiações, uma muito intensa perto da frequência $\nu_{32}$ e outra muito fraca perto da frequência $\nu_{31}$ , incidem sobre um conjunto. Se $\nu_{32}$ for suficientemente intenso, então (3,2) pode ser saturado e $n_3 \cong n_2 = n$ . Assume-se que o campo fraco na frequência $\nu_{31}$ induz transições entre os estados 1 e 3. As probabilidades de transição induzidas para o sistema por unidade de tempo são designadas por $B_{23}=B_{32}$ e $B_{13}=B_{31}$ . No estado estacionário para a taxa de variação da população, temos

$$(n_1-n_3)=\frac{N\hbar}{3KT}\frac{1}{\Gamma_{12}}(\Gamma_{23}\nu_{32}-\Gamma_{121}\nu_{21})$$

Se $\Gamma_{23}\nu_{32}\langle\langle\Gamma_{121}\nu_{21}$

Do que $n_3-n_1=-ve$ (4.20)

As equações (4.19) e (4.20), em combinação com (4.15), dão-nos uma pista para o Lasing sem Inversão. A equação (4.15) mostra que a potência é positiva e que a lasing ocorre entre os estados 1 e 3, quando um campo eletromagnético forte incide no nível (3,&1) e um campo fraco incide no nível (3&2). A equação (4.19) resulta num estado de absorção líquida, ou seja, $n_3\langle n_1$ . A equação (4.20) mostra que ocorre lasing entre os níveis (3&1) quando $\Gamma_{23}\nu_{32}\langle\langle\Gamma_{121}\nu_{21}$ . Estas condições resultam da aplicação de um campo forte entre 3 e 2 e de um campo fraco entre 1 e 3. Se houver uma combinação de ambas as equações (4.15) e (4.19), é possível afirmar qualitativamente que qualquer quantidade de população no estado superior, que pode ser muito menor do que a população no estado inferior, conduzirá a um ganho líquido, ou seja, a um lasing sem inversão. Salientamos aqui o facto de que a lasing sem inversão envolve coerência atómica e interferência. Um dos desenvolvimentos interessantes da ótica quântica nos últimos anos tem a ver com uma ideia que envolve a coerência e a interferência atómicas mediadas por um forte campo eletromagnético que acopla dois níveis de um átomo [56, 57]. O fenómeno da supressão electromagnética induzida da absorção e do lasing sem inversão foi muito estudado [88,148-149] e observado recentemente nesta categoria. Entre muitos esquemas diferentes que foram propostos para ilustrar a supressão de absorção e lasing sem inversão, talvez conceitualmente o mais simples sistema de três níveis do tipo Λ e V. O princípio físico fundamental aqui é a interferência quântica entre as duas rotas pelas quais um átomo atinge o nível superior do laser [115,150] através da absorção de um fotão. Quando a interferência é destrutiva, a taxa de absorção pode ser extremamente pequena, mas não existe interferência que faça desaparecer a taxa de emissão. A teoria semiclássica de Scully e colaboradores [53,114] explica com sucesso toda a física básica do lasing sem inversão. Um outro fenómeno, o "efeito Zeno Quântico", é também responsável pelo lasing sem inversão, que é discutido no capítulo anterior desta tese.

Do que foi discutido acima, conclui-se que o sistema de três níveis de Bloembergen possui as caraterísticas essenciais da LWI. Vimos que, neste sistema, dois campos podem incidir sobre o conjunto, um campo forte em ressonância com a frequência $\nu_{31}$ (frequência que separa o nível térreo e o nível excitado mais elevado) e o campo de sinal fraco com a frequência $\nu_{32}$ . Na LWI, também é permitido que dois campos incidam sobre este conjunto, um campo forte e um campo fraco, que se acoplam entre os dois campos. Vimos que, devido à proximidade de dois níveis, há incerteza em fazer transições para o nível superior ou inferior, dependendo se o sistema é do tipo Λ ou do tipo V, resultando em interferência destrutiva. Vimos a semelhança entre a equação (3.16) [equação de Misra e Sudarshan] e a equação de Bloembergen (4.14), que é modificada e dada na equação (4.15c) e estabelecida uma equação aproximada (4.15d). A equação (3.16) pode ser comparada com a equação (4.15d). Podemos seguir os mesmos argumentos e mostrar que o maser de três níveis de Bloembergen pode ter as caraterísticas essenciais do QZP. Uma afirmação simplificada pode ser feita da seguinte forma: "O maser de três níveis de Bloembergen tenderá a adquirir o estatuto de maser de dois níveis à medida que o nível de energia que representa o campo de sinal vai diminuindo, mas nunca adquirirá o estatuto de maser de dois níveis - a panela observada nunca ferve"

## 4.4 Esquemas Λ e V e analogia com o pêndulo

Consideramos agora que a natureza oscilatória dos esquemas Λ e V de LWI pode oferecer uma analogia com o pêndulo que indica as suas propriedades caraterísticas. Na secção anterior e também no capítulo anterior, observámos que os esquemas Λ e V são dois esquemas diferentes para obter LWI. Estes são, na verdade, a manifestação dos esquemas originais de três níveis de Bloembergen. Quando os níveis $|2\rangle$ e $|3\rangle$ estão muito próximos como no caso do esquema V ou $|1\rangle$ e $|2\rangle$ estão muito próximos no caso dos esquemas Λ. A interferência quântica ocorre e leva à exibição de interferência destrutiva e subsequente cancelamento da absorção. No entanto, à medida que a separação entre os níveis $|2\rangle$ e $|3\rangle$ aumenta gradualmente, haverá um momento em que a interferência quântica não ocorrerá. Se o nível $|2\rangle$ aumentar ainda mais, ultrapassa a sua metade entre $|1\rangle$ e $|3\rangle$ e aproxima-se ainda mais do nível do estado fundamental. Assim, o $|1\rangle$ e o $|2\rangle$ tornam-se extremamente próximos. A interferência quântica é novamente observada. Em princípio, o nível $|2\rangle$ nunca atingirá o nível $|3\rangle$ ou um esquema de dois níveis nunca se tornará num esquema de três níveis.

Do que foi descrito acima no caso dos esquemas Λ e V temos outra situação análoga numa experiência de interferência de duas fendas descrita por Sudarshan [151]. Com base na teoria ondulatória clássica, uma única onda que incide nas duas fendas $S_1$ e $S_2$ sofre uma auto-interferência subsequente que pode, dependendo das intensidades relativas envolvidas, levar a uma interferência destrutiva completa em vários pontos de observação Q. A possibilidade de uma tal interferência destrutiva está intimamente ligada à existência de uma relação de fase definida entre os sinais constituintes e, nestas circunstâncias, podemos dizer que estes dois feixes são coerentes. Mas esta imagem de interferência destrutiva completa não está totalmente de acordo com os resultados experimentais se, para as fontes térmicas habituais S, o ângulo subtendido pela fonte no ecrã não for demasiado pequeno como, por exemplo, na figura 4.2.

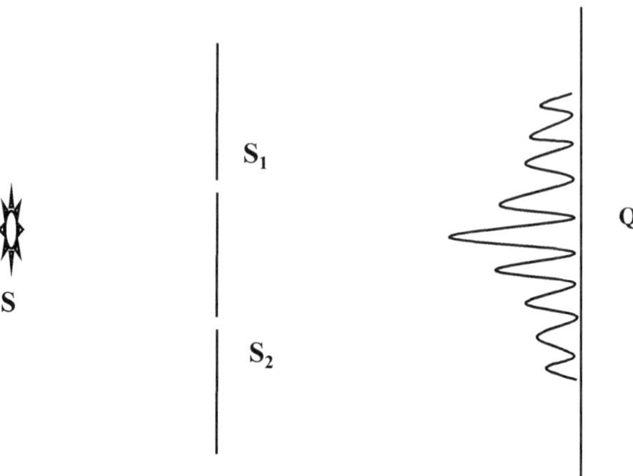


**Fig:4.3 Representação esquemática da experiência de interferência de duas fendas.**

A luz proveniente de uma fonte térmica alargada S passa através das fendas $S_1$ e $S_2$, dando origem a um padrão de interferência qualitativamente como se mostra. A intensidade num ponto Q é formada pela sobreposição das ondas provenientes de ambas as fendas e é determinada pela geometria da experiência e pela natureza da fonte de luz. Quando uma fonte deste tipo é deslocada para o interior do ecrã (aumentando o ângulo subtendido), é frequente que o padrão de interferência se esbata gradualmente, ou seja, que as intensidades máximas e mínimas se tornem relativamente menos pronunciadas. Como medida quantitativa deste aspeto, podemos introduzir, seguindo Michelson, a visibilidade $v$ dada por

$$v = \frac{I_{\max} - I_{\min}}{I_{\max} + I_{\min}} \tag{4.21}$$

Assim, à medida que a fonte se aproxima do ecrã, pode imaginar-se que a visibilidade $v$ diminui. Finalmente, quando a fonte se aproxima muito do ecrã, o padrão de interferência tende a desaparecer completamente e $v$ pode desaparecer. O comportamento nestas últimas circunstâncias é comparável ao obtido quando a fonte e as fendas são substituídas por duas fontes térmicas independentes nas localizações originais das fendas. Por outras palavras, uma fonte térmica como a lâmpada, quando amostrada em dois pontos razoavelmente separados da sua superfície, apresenta o mesmo tipo de independência que intuitivamente atribuímos a duas fontes térmicas completamente diferentes. Isto é, evidentemente, bastante razoável, uma vez que, mesmo numa fonte, os radiadores atómicos individuais que contribuem para o sinal ótico total têm histórias essencialmente independentes de absorção e emissão de energia em pontos razoavelmente separados. Quando a fonte está muito próxima do ecrã, ou quando a fonte e as fendas são substituídas por duas fontes térmicas independentes, é razoável que o padrão de interferência se perca devido à completa ausência de qualquer relação de fase definida entre duas fontes. Durante o tempo necessário para que a "observação" fotográfica tenha lugar - certamente não menos do que os tempos de transição atómica caraterísticos da ordem dos $10^{-9}$ segundos - ocorrem muitos ciclos de vibração ótica (uma vez que as frequências ópticas $\nu=10^{15}$ cps), e há um tempo de amostragem para que duas histórias de fase independentes eliminem qualquer padrão. Neste caso, pode dizer-se que os dois sinais luminosos são incoerentes.

A meio destes casos de interferência destrutiva completa e de desaparecimento, há o caso de interferência parcial que ocorre habitualmente quando, como na figura 4..., a fonte S não está nem demasiado perto nem demasiado longe das fendas. Podemos falar aqui de coerência parcial. A sua descrição intuitiva é necessariamente um pouco mais geral do que a adequada para os dois casos extremos, mas também pode ser incluída como caso limite. Assim, o modelo de coerência parcial que aqui tentamos tornar plausível corresponde ao modelo clássico mais geral de que necessitamos.

Vale a pena considerar uma analogia dos esquemas Λ e V, juntamente com a sua natureza oscilatória, com um pêndulo acoplado, como mostra a Fig. 4.

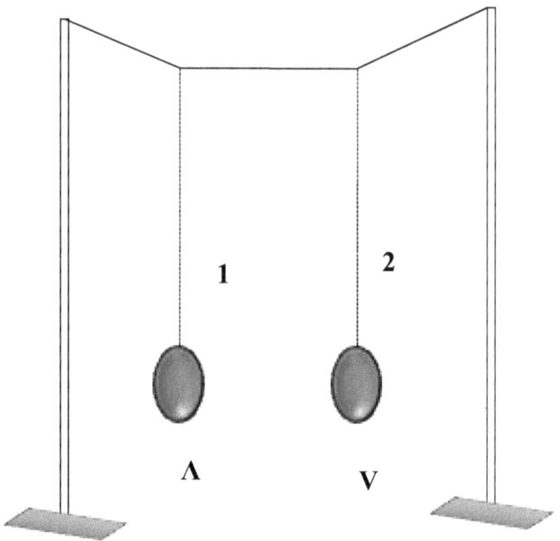


**Fig 4.4 Diagrama esquemático do pêndulo acoplado**

Dois pêndulos são pendurados numa mola rígida, como mostra a figura 4.4. Este é o exemplo de um pêndulo acoplado quando são rígidos. As pêndulas 1 e 2 têm comprimentos diferentes, ou mesmo podem ser do pêndulo. Inicialmente, os pêndulos estão em repouso. Quando o pêndulo 1 recebe um movimento inicial, começa a oscilar. O pêndulo 2 está em repouso. Com o decorrer do tempo, o pêndulo 1 começa também a oscilar e a amplitude da oscilação do pêndulo 1 diminui, nunca chegando a zero. Desta forma, dá-se a vibração de um pêndulo para outro pêndulo e vice-versa. Com o decorrer do tempo, ambos os pêndulos entram em repouso. Esta situação é idêntica à da oscilação dos esquemas Λ e V, como já foi referido. De facto, é uma analogia clássica desta situação discutida acima. É razoável pensar que estes esquemas podem ser utilizados para controlar a emissão espontânea. O fenómeno de controlo da emissão espontânea via interferência quântica já é conhecido [152].

## Queima de buracos espaciais e Lasing sem inversão

**5.1 Introdução:**

O fenómeno que constitui o tema do presente capítulo foi investigado e descrito pelo autor em duas publicações recentes [155-156]. Investigámos o papel da entropia numa cavidade com fugas e fizemos um estudo comparativo entre as abordagens de Einstein e o conceito de reservatório. Na segunda parte do capítulo, temos a oportunidade de investigar especificamente a natureza da queima de buracos espaciais em lasing sem inversão. Elaborámos a equação básica da combustão espacial e a sua relação com a LWI.

**5.1 Teoria dos reservatórios e abordagem de Einstein:**

A noção de emissão estimulada foi avançada pela primeira vez por Einstein [1] em 1917, que elaborou a fórmula de distribuição espetral da radiação do corpo negro descoberta por Max Planck. A derivação de Einstein foi presumivelmente diferente da de Planck ou Bose. Para além destas derivações, a lei de distribuição da radiação de corpo negro pode também ser obtida através da chamada teoria do reservatório [45, 53,120]. Historicamente, a derivação da fórmula da radiação por Einstein, utilizando a noção de emissão estimulada e o princípio do equilíbrio detalhado, tem um significado considerável. A tentativa de Einstein de rederivar a fórmula da radiação deu origem ao conceito de emissão estimulada, que teve consequências de grande alcance no desenvolvimento do MASER e do LASER. No presente trabalho, fazemos um estudo comparativo entre a abordagem da equação de taxa de Einstein e a teoria geral dos reservatórios. Discutiremos, em particular, o papel da entropia no nosso problema de interesse que é a cavidade com fugas, tal como indicado no trabalho de Lang et al. [157].

No entanto, na maior parte dos domínios da ótica quântica, estamos interessados apenas numa parte de todo o sistema, como, por exemplo, no sistema laser; estamos interessados em conhecer o campo, mas não em saber o que acontece aos átomos. Os átomos constituem o reservatório, que é muito análogo ao reservatório termo-dinâmico. Podemos eliminar o conceito de reservatório usando o operador de densidade reduzida. No nosso objeto de estudo introduzimos o conceito de reservatório considerando um sistema de um oscilador harmónico simples que interage com um feixe de átomos de dois níveis. Alguns dos quais estão inicialmente no estado excitado. A distribuição da energia atómica é caracterizada por uma temperatura T dada pela distribuição de Boltzmann

$$\frac{r_a}{r_b} = \exp(-\hbar\omega / k_B T) \qquad , (5.1)$$

Onde $r_a$ e $r_b$ são o número de átomos por segundo nos níveis superior e inferior que passam pela cavidade. O efeito do feixe no oscilador é levá-lo à temperatura de equilíbrio $T$ .

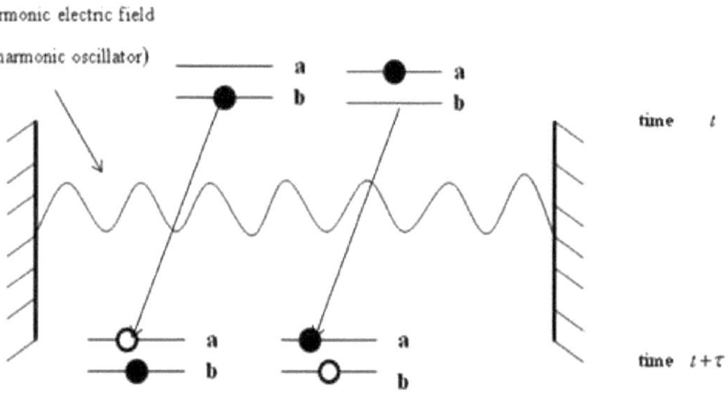

Simple harmonic electric field (simple harmonic oscillator)

a b a b time $t$

a b a b time $t+\tau$

**Fig. 5.1:** Uma **cavidade com dois espelhos.**

O diagrama mostra as passagens de átomos de dois níveis inicialmente (no tempo - $t$ ) quer no estado superior$|a\rangle$ quer no estado inferior$|b\rangle$ . Em geral, o campo é descrito por uma mistura de estados e convenientemente representado pelo operador de densidade de campo. Procuramos uma equação de movimento de grão grosso para a matriz de densidade de radiação laser à medida que evolui devido à adição de muitos átomos excitados; a equação é derivada usando o operador de densidade de campo do átomo e pelo vetor de estado para o átomo acoplado a um único estado do campo. A taxa de variação temporal para $P(t)$ é $P(t) = r_a(\delta p)_a + r_b(\delta p)_b$ onde $(\delta p)_a$ e $(\delta p)_b$ são as alterações causadas pela interação com átomos injectados no estado superior e inferior, respetivamente. Procuramos uma equação de movimento de granulação grossa para a matriz de densidade da radiação laser à medida que esta evolui devido à adição de muitos átomos excitados. Derivamos a equação utilizando o operador de densidade do campo de átomos $P_{a\text{-}t}$ (t) e o vetor de estado$|\psi_{atom-field}(t)\rangle$ para o átomo acoplado a um único estado do campo.

O operador de campo do átomo resultante é dado por [120]

$$P_{a-t}(t+\tau)=\sum p_{\psi}\left|\psi_{a-f}(t+\tau)><\psi_{a-f}(t+\tau)\right| \tag{5.2}$$

Onde $P_{\psi}$ é a probabilidade de o campo ter o vetor de estado $|\psi\rangle$ que representa o vetor de estado inicial no tempo (t) e o vetor de estado do campo atómico no tempo $(t+\tau)$, acoplando as amplitudes de probabilidade do campo atómico no tempo de acordo com a equação do movimento e tomando o traço da sua matriz de densidade sobre os estados atómicos, obtém-se a taxa de variação temporal grosseira do elemento da matriz de densidade $\rho_{nm}(t)$ devido aos átomos inicialmente no estado inferior | b> e, de forma semelhante, para os átomos injectados no estado | a>.

a taxa de variação temporal do elemento da matriz de densidade $\rho_{nm}(t)$ é dada por

$$\dot{\rho}_{nm}(t)=\dot{\rho}_{nm}\Big|_{|a\rangle atoms}+\dot{\rho}_{nm}\Big|_{|b\rangle atoms} \tag{5.3}$$

$$\dot{\rho}_{nm}(t)=-\frac{1}{2}\left[R_a(n+1+m+1)+\Re_b(n+m)\right]\rho_{nm}+R_a\sqrt{nm}\,\rho_{n-1,m-1}+R_b\left[(n+1)(m+1)\right]^{\frac{1}{2}}\rho_{n+1,m+1}$$

Em particular, isto dá a equação da taxa de fotões (120)

$$\dot{\rho}_{nn}(t)=-\left[R_a(n+1)+R_b n\right]\rho_{nn}+R_a n\,\rho_{n-1,n-1}+R_b(n+1)\rho_{n+1,n+1} \tag{5.4}$$

Em que $R_a=r_a g^2\tau^2$ coeficiente de taxa de modo único para o estado $|a\rangle$

$R_b=r_b g^2\tau^2$ Coeficiente de taxa de modo único para o estado $|b\rangle$

$g$ = constante de acoplamento na teoria quântica da radiação

$r_a$ e $r_b$ taxas de excitação dos estados $|a\rangle$ e $|b\rangle$

Aqui, cada termo é simplesmente entendido em termos de probabilidades de os átomos fazerem ou não as transições na presença de um determinado número de fotões.

Por exemplo

$R_a n\,\rho_{n-1,n-1}$ = {(Taxa a que os átomos são injectados no estado ) $|a\rangle$

× (Probabilidade de emissão estimulada por um campo de n-1 fotões)

× (Probabilidade de n-1 fotões)}

(5.5)

A equação (5.4) pode ser entendida em termos da Fig. 5.2, na qual está representado o fluxo da probabilidade do número de fotões. Os termos $R_a$ envolvem emissão e, por isso, as setas correspondentes apontam para cima no diagrama, enquanto os termos $R_b$ envolvem absorção e, por isso, as setas correspondentes apontam para baixo.

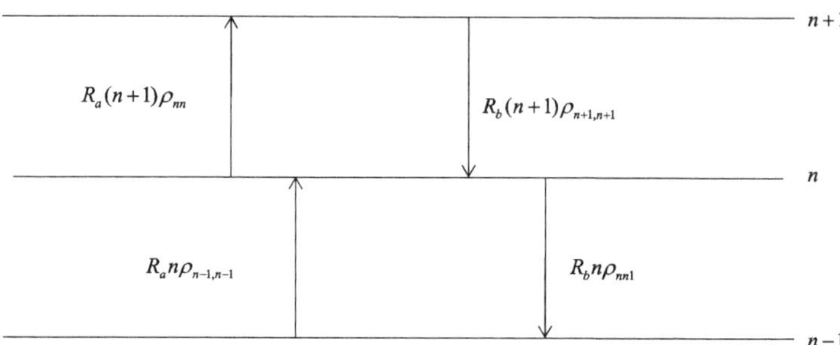


**Fig. 5.2: Diagrama da probabilidade do número de fotões .** $\rho_{nn}$

O **termo** $R_a$ **é** devido à emissão e o termo $R_b$ é devido à absorção. Cada termo é simplesmente entendido em termos de taxas e probabilidades de transição, tal como discutido em relação à equação (5.5). Relativamente à figura (5.2), gostaríamos de comentar que existem três níveis de energia designados por , $n+1$ $n$ e $n-1$ . As setas que apontam para cima são designadas por emissão e as setas que apontam para baixo são indicadas como absorção. Este facto pode dar origem a alguma confusão, pois verificamos que a emissão é sempre indicada como setas a apontar para baixo entre dois níveis, segundo a convenção normal. No entanto, observamos que os níveis são designados em termos de números de fotões n e não são níveis de energia, mas sim estados numéricos. O termo $R_a$ é devido à emissão e o termo $R_b$ é devido à absorção.

A condição para um equilíbrio pormenorizado arbitrário é [120]

$$\dot{\rho}_{nn} = 0 \tag{5.6}$$

Das equações (5.4) e (5.6)

$$\dot{\rho}_{nn} = -[R_a(n+1) + R_b n]\rho_{nn} + R_a n\, \rho_{n-1,n-1} + R_b(n+1)\rho_{n+1,n+1}]$$

$$-[R_a(n+1) + R_b n]\rho_{nn} + R_a n\, \rho_{n-1,n-1} + R_b(n+1)\rho_{n+1,n+1} = 0$$

$$[R_a(n+1) + R_b n]\rho_{nn} = R_a n\, \rho_{n-1,n-1} + R_b(n+1)\rho_{n+1,n+1} \tag{5.7}$$

O equilíbrio é obtido no sistema quando o fluxo líquido de todos os pares de níveis desaparece. Assumindo o reservatório de átomos de dois níveis em equilíbrio térmico, então a partir da equação (5.7) podemos escrever

$R_b\rho_{n+1,n+1} = R_a\rho_{nn}$ e $R_b\rho_{nn} = R_a\rho_{n-1,n-1}$ (5.8)

Reorganizando a equação (5.8) obtém-se

$\rho_{n+1,n+1} = \frac{R_a}{R_b}\rho_{nn}$ e $\rho_{nn} = \frac{R_a}{R_b}\rho_{n-1,n-1}$ (5.9)

Da equação (5.9) obtém-se que

$$\rho_{nn} = \frac{R_a}{R_b}\rho_{n-1,n-1} \qquad (5.10)$$

Uma vez que $R_a = r_a g^2\tau^2$ e $R_b = r_b g^2\tau^2$ podem ser substituídos por $\frac{R_a}{R_b}$ *by* $\frac{r_a}{r_b}$ ,

Obtemos $\rho_{nn} = \frac{r_a}{r_b}\rho_{n-1,n-1}$ e utilizando a relação de Boltzmann (5.1)

Obtém-se

$$\rho_{nn} = \exp(-\hbar\omega / k_B T)\rho_{n-1,n-1} \quad .$$

Por iteração deste resultado para n sucessivamente mais baixos, obtém-se a distribuição de Planck para o modo único

$$\rho_{nn} = \rho_{00}\exp(-\hbar\omega / k_B T) \quad .$$

Novamente assumindo a probabilidade total $\sum_n \rho_{nn} = 1$ (condição de normalização)

Obtemos $\sum_n \rho_{00}\exp(-n\hbar\omega / k_B T) = 1$ (5.11)

Para simplificar o cálculo, considerámos $\exp(-\hbar\omega / k_B T) = x$

Obtemos

$$\rho_{00}\sum_n x^n = 1$$

$$\Rightarrow \rho_{00}(1 + x + x^2 + \ldots\ldots\ldots\ldots) = 1$$

$$\Rightarrow \rho_{00}(1 - x)^{-1} = 1$$

$$\Rightarrow \rho_{00} = 1 - x$$

Assim, obtemos $\rho_{00} = 1 - \exp(-\hbar\omega / k_B T)$ e, por conseguinte, o elemento da matriz de densidade $\rho_{nn} = [1 - \exp(-\hbar\omega / k_B T)]\exp(-n\hbar\omega / k_B T)$ . Podemos ver que, no estado estacionário, o campo chega à temperatura do reservatório do feixe atómico como deveria. Outra quantidade de interesse é o número médio de fotões, cujo valor no estado estacionário pode ser determinado. A expressão para o número médio de fotões é dada por

$$\langle n(t) \rangle = \sum n\rho_{nn}(t) \tag{5.12}$$

Por conseguinte, a equação (5.12) pode ser escrita como

$$\langle n(t) \rangle = \sum n[1 - \exp(-\hbar\omega / k_B T)\exp(-n\hbar\omega / k_B T)] \tag{5.13}$$

Considerando $x = \exp(-\hbar\omega / k_B T)$ e colocando na relação (5.13) obtemos

$$\langle n(t) \rangle = \sum_n n(1-x)x^n = \sum_{n=0} nx^n - \sum_{n=0} nx^{n+1}$$

$$\Rightarrow \langle n(t) \rangle = (x + 2x^2 + 3x^3 + ..........) - (x^2 + 2x^3 + 3x^4 + ...........)$$

$$\Rightarrow \langle n(t) \rangle = x + x^2 + x^3 + ..............$$

$$\Rightarrow \langle n(t) \rangle = (1 + x + x^2 + x^3 + ......) - 1$$

$$\Rightarrow \langle n(t) \rangle = (1-x)^{-1} - 1$$

$$\Rightarrow \langle n(t) \rangle = \frac{x}{1-x}$$

$$\Rightarrow \langle n((t) \rangle = \frac{y^{-1}}{1-y^{-1}} \quad \textit{considering} \quad x = y^{-1}$$

$$\Rightarrow \langle n(t) \rangle = \frac{1}{y-1}$$

Assim, podemos colocar $y = \exp(n\hbar\omega / k_B T)$ , obtemos a expressão para o número médio de fotões como

$$\langle n(t) \rangle = \sum_n n\rho_{nn}(t) = \frac{1}{\exp(\hbar\omega / k_B T) - 1}) \tag{5.14}$$

O valor de estado estacionário deste número médio é dado pela expressão de Bose-Einstein

$$\langle n(\alpha)\rangle = \sum_n n\rho_{nn} = \frac{1}{\exp(\hbar\omega / k_B T) - 1} \qquad (5.15)$$

Como foi referido no capítulo 2, é de notar que, nas derivações da fórmula da radiação de Einstein, se supunha uma cavidade com paredes fechadas em equilíbrio térmico. Na cavidade existem fotões de energia $\hbar\omega$ , **$N_1$** átomos no estado fundamental **$E_1$** e **$N_2$** átomos no estado excitado **$E_2$** . A densidade do fotão é especificada como $\rho_\omega$ . Quando um átomo é atingido por uma frequência de luz adequada, pode absorver esse fotão de luz e fazer a transição de 2 para 1. A transição do estado energético inferior para o superior ocorre apenas devido à absorção e a transição do superior para o inferior ocorre por duas alternativas, isto é, emissão estimulada e emissão espontânea.

A equação da taxa de variação $N_1$ átomos no estado fundamental é

$$\frac{dN_1}{dt} = -N_2 A_{21} - N_2 B_{21}\rho(\omega) + N_1 B_{12}$$

No equilíbrio térmico $\frac{dN_1}{dt} = 0$ , ou seja, no princípio do equilíbrio detalhado, a equação da taxa passa a ser

$$\mathrm{N}_{m2}\mathrm{B}_{21}\rho(\omega) + \mathrm{N}_2\mathrm{A}_{12} = \mathrm{N}_1\mathrm{B}_{12}\rho(\omega) \qquad (5.16)$$

Onde $N_2$ átomos no estado fundamental, $N_1$ átomos no estado excitado$_{21}$ probabilidade de emissão simulada, $B_{12}$ probabilidade de absorção simulada e $\rho_\omega$ densidade de fotões. Os pressupostos básicos de Einstein eram $\mathrm{E}_1 - \mathrm{E}_2 = \hbar\omega$ e $\mathrm{N}_2 = \mathrm{N}_1 \exp(-n\hbar\omega / k_B \mathrm{T})$ agora, usando os princípios do equilíbrio detalhado, Einstein escreve, para qualquer temperatura,

$$\rho(\omega) = \frac{\mathrm{A}_{12}}{\mathrm{B}_{12}\exp(\hbar\omega / k_B \mathrm{T}) - \mathrm{B}_{21}}$$

Observa-se que o termo N $A_{212}$ não se altera com a temperatura e que o termo que envolve $\rho_\omega$ aumenta com a temperatura, a uma temperatura suficientemente elevada **$N_1$ ,$A_{21}$** pode ser negligenciado e também **N =$N_{12}$** , pelo que a partir de (5.16) obtemos B =$B_{1221}$ =$B$.

Por conseguinte $\rho(\omega) = \dfrac{A}{B}\dfrac{1}{\exp(\hbar\omega / k_B T) - 1}$

Obtém-se assim a fórmula de Planks para a densidade de energia da radiação em equilíbrio térmico, desde que a razão entre o coeficiente espontâneo e o estimulado seja $\dfrac{A}{B} = \dfrac{h\omega^3}{\pi^2 c^3}$ .

**5.2 Comparação entre o reservatório e a abordagem de Einstein:**

Vale agora a pena fazer um estudo comparativo entre as duas abordagens, tal como indicado nas secções anteriores. Na abordagem de Einstein, escrevemos a fórmula da radiação como

$$\rho(\omega) = \frac{A}{B}\frac{1}{\exp(\hbar\omega / k_B T) - 1}$$

Onde A/B =Razão do coeficiente de emissão espontânea e estimulada. E na abordagem do reservatório, a distribuição do número de fotões é dada por

$$\langle n(t)\rangle = \sum_n n\rho_{nn}(t) = \frac{1}{\exp(\hbar\omega / k_B T) - 1}$$

Neste caso, presumivelmente A/B= 1, trata-se de um caso limite.

É de notar que na abordagem de Einstein se assume uma cavidade fechada e não há indicação de como se processa a ação laser, mas na teoria dos reservatórios que utiliza o método do operador de densidade já se assume uma cavidade Fabry Perot em que são utilizados espelhos dieléctricos perfeitamente reflectores para amplificar a emissão estimulada. Será agora de interesse suficiente descobrir o papel da entropia em ambos os casos. Em linguagem termodinâmica, os reservatórios são definidos como um corpo de massa tão grande que pode absorver ou rejeitar uma quantidade ilimitada de calor sem sofrer uma alteração apreciável em qualquer outra coordenada termodinâmica, mas é de notar que há uma pequena alteração no reservatório quando uma quantidade finita de calor entra e sai do reservatório, mas uma alteração extremamente pequena, demasiado pequena para ser medida.

Na expansão do número médio de fotões,

$$\langle n\rangle = \frac{1}{\dfrac{\hbar\omega}{k_B T} + \dfrac{\hbar^2\omega^2}{2!\,k^2{}_B T^2} + \ldots\ldots\ldots\ldots}$$

À medida que a temperatura aumenta, o fluxo de calor para dentro e para fora do reservatório também aumenta, mas é demasiado pequeno para ser medido, e esta é também a direção em que a entropia aumenta. O número médio de fotões só será considerável quando $\frac{\hbar\omega}{k_B \mathrm{T}} << 1$ implicar $\hbar\omega << k_B \mathrm{T}$, o que é interessante para $\frac{\hbar\omega}{k_B \mathrm{T}} = 0$, pois o número médio de fotões será infinito, o que pode acontecer quando T é infinito, quando T=0 é $\frac{\hbar\omega}{k_B \mathrm{T}} = \alpha$ (infinito) e o número médio de fotões será zero, pelo que podemos considerar que o número médio de fotões aumenta quando T aumenta.

Na cavidade laser, há uma fuga de radiação através do espelho e, eventualmente, a radiação acaba por se extinguir. No caso da cavidade de Einstein, esta informação não está disponível, e na cavidade de Einstein o reservatório está fora da cavidade. Neste caso, à medida que a temperatura aumenta, chega-se a uma fase em que o segundo termo da equação (5.16) é negligenciado a alta temperatura e a entropia é máxima.

Na equação (5.7) $R_a(n+1)\rho_{nn}$ *and* $R_b(n+1)\rho_{n+1,n+1}$ é ignorado (equilibrado). Assim, chegamos a uma fase em que fazemos uma analogia frutífera entre as duas abordagens. Na abordagem de Einstein, a direção da entropia e a direção do tempo são as mesmas que nas abordagens do reservatório, a direção da entropia e a direção do tempo estão na mesma direção.

De acordo com a segunda lei da termodinâmica, a entropia de um sistema fechado e auto-controlado aumenta sempre em qualquer processo natural. Está relacionada com o calor adicionado a um sistema e com a sua temperatura; é uma medida estatística da desordem do sistema. Note-se que uma cavidade como a indicada na figura (5.1) tem sempre fugas devido ao facto de os espelhos não reflectirem perfeitamente. Lang et al [157] demonstraram que a fuga conduz a um amortecimento da oscilação livre na cavidade do laser. Neste caso, podemos também considerar a imagem da cavidade em termos de considerações termodinâmicas, como um motor térmico e um ciclo de Carnot. Considere-se um sistema de quatro níveis de laser, como se mostra na Fig. 5.3

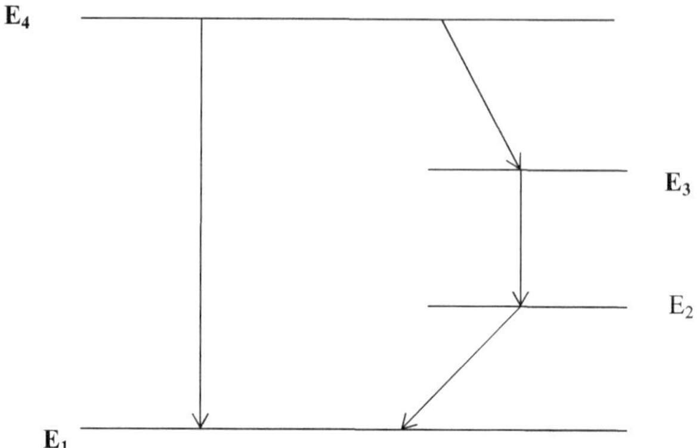


**Fig: 5.3 Laser de quatro níveis**

A luz de bombeamento induz a transição entre $E_1$ e $E_4$ . O relaxamento ocorre entre $E_4$ e $E_3$ . A ação laser ocorre basicamente entre $E_3$ e $E_2$ . Este é um princípio geral de que, num sistema atómico em que o nível inferior decai muito rapidamente por radiação para um conjunto de níveis e em que o nível superior está opticamente ligado ao nível do solo, é ideal para a excitação laser.

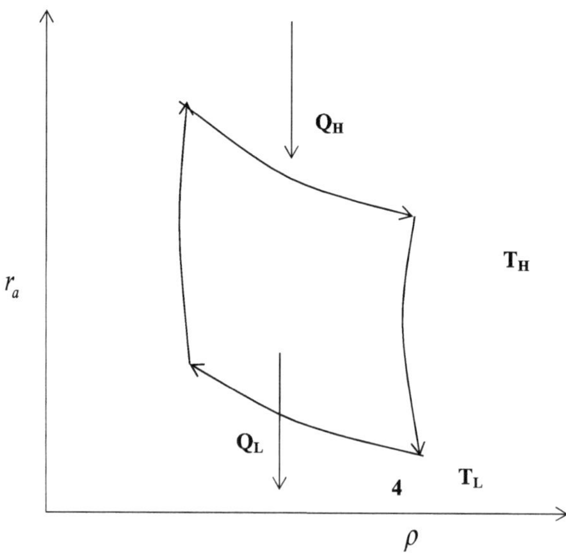


**Fig: 5.4 Uma comparação entre o ciclo de Carnot e o laser de quatro níveis**

A Fig. 5.4 mostra um diagrama que é uma analogia com o ciclo de Carnot de um gás real. Este diagrama representa o diagrama r $-_a\rho$ . Nesta fase, os átomos são inicialmente representados pelo ponto 1, os quatro processos são então

1. Processos 1-2 excitações adiabáticas reversíveis até a temperatura aumentar para T $_H$.
2. Processos 2-3 de relaxamento isotérmico irreversível até que qualquer ponto desejado 3 seja
   alcançado.
3. Processos 3-4 adiabáticos irreversíveis até se obter a temperatura $T_L$ .
4. Processos 4-1 de relaxamento isotérmico reversível até se atingir o estado original.

Pode notar-se que, nas nossas considerações, temos dois processos reversíveis e dois irreversíveis e a taxa total de variação da entropia é zero.

**5.3 Polarização do meio e queima de buracos espaciais:**

Assumimos que o meio laser é constituído por um átomo de dois níveis homogéneos e alargados, como mostra a figura 5.5, com uma transição de ressonância $\omega$ . Um átomo excitado para o estado $a$ no momento $t_0$ e no local $z$ é descrito pela matriz de densidade $\rho(a,z,t_0,t)$ . Os átomos são excitados para o estado $a$ à taxa de $\lambda_a(z,t_0)$ átomos por segundo por unidade de volume. As probabilidades de nível decaem com as constantes $\gamma_a$ e $\gamma_b$ . Este modelo ilustra simplesmente alguns princípios básicos do laser, mas não se aplica aos meios que são homogeneamente alargados ou àqueles cujo estado inferior é um estado geral como o Ruby.

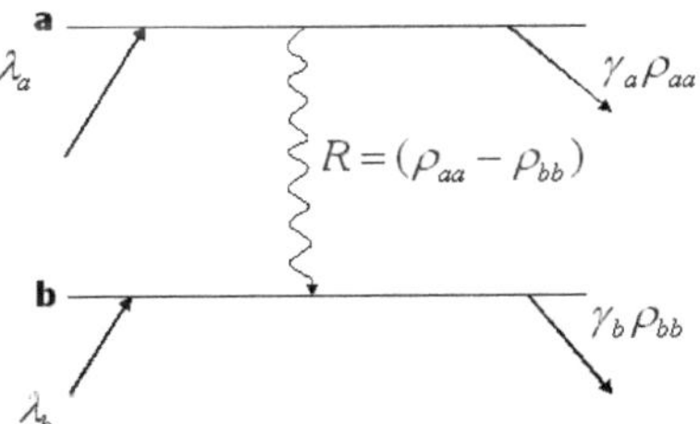


**Fig. 5.5. Diagrama de níveis de energia para o átomo que constitui o meio ativo do laser.**

A frequência de resposta da transição do nível inferior (b) para o nível superior (a) é $\omega$ . O número de átomos por volume por unidade de tempo excitados para os níveis $a$

e $b$ é $\lambda_a$ e $\lambda_b$ , respetivamente. O número que decai é $\gamma_a \rho_{aa}$ e $\gamma_b \rho_{bb}$ respetivamente e o número que faz transições do nível $a$ para $b$ é $R(\rho_{aa} - \rho_{bb})$ . De acordo com as equações de taxa

$$\dot{\rho}_{aa} = \lambda_a - \gamma_a \rho_{aa} - R(\rho_{aa} - \rho_{bb})$$

$$\dot{\rho}_{bb} = \lambda_b - \gamma_b \rho_{bb} + R(\rho_{aa} - \rho_{bb})$$

A polarização macroscópica $P(z,t)$ [120] para este meio é dada pelas contribuições de todos os átomos em $z$ no tempo $t$ independentemente do seu estado inicial e tempos de estado de excitação, ou seja

$$P(z,t) = \sum_a \int_{-\alpha}^{t} \int dt_0 \lambda_a(z,t_0) \langle er \rangle$$

$$= \wp \sum_a \int_{-\alpha}^{t} \int dt_0 \lambda_a(z,t_0) \rho_{ab}(a,z,t_{0,}t) + c.c \quad (5.17)$$

Um único átomo não produz a excitação do dipolo elétrico $\langle er \rangle$ , uma quantidade que se refere a um conjunto. A contribuição de muitos átomos espaçados implicados na equação (5.17) produz, no entanto, conjuntos apropriados para a utilização de $\langle er \rangle$ . A polarização complexa de variação lenta $P(z,t)$ em termos da componente de Fourier pode ser escrita como

$$P(z,t) = 2\wp \exp i(\nu_n t + \phi) \frac{1}{N} \int_0^L dz U^*{}_n(z) \sum_a \int_{-\alpha}^{t} \int dt_0 \lambda_a(z,t_0) \rho_{ab}(a,z,t_{0,}t) \quad (5.18)$$

Onde a constante de normalização $N = \int_0^L dz |U_n(z)|^2$ (5.19)

Especificamente, definimos a matriz da população como

$$\rho(z,t) = \sum_a \int_{-\alpha}^{t} \int dt_0 \lambda_a(z,t_0) \rho_{ab}(a,z,t_{0,}t) \quad (5.20)$$

E calcular a sua equação de movimento diferenciando-a em relação ao tempo $t$ . Existem duas dependências do tempo: o limite superior da integração em $t_0$ e o da matriz de densidade de um único átomo.

Temos $\frac{\rho(z,t)}{dt} = \sum_a \lambda_a(z,t)\rho_{ab}(a,z,t_{0,}t)\sum_a \int_{-\alpha}^{t}\int dt_0\lambda_a(z,t_0)\rho_{ab}(a,z,t_{0,}t)$ (5.21)

Por definição $\rho_{ij}(a,z,t_{0,}t) = \delta_{ia}\delta_{ja}$ e o primeiro termo pode ser substituído pelo operador com representação matricial

O segundo termo tem componentes idênticas ao lado direito das equações de movimento para o caso puro da matriz de densidade.

$$\dot{\rho}_{aa} = -\gamma_a\rho_{aa} - \frac{i}{\hbar}[V_{ab}\rho_{ba} + cc]$$

$$\dot{\rho}_{bb} = -\gamma_a\rho_{bb} + \frac{i}{\hbar}[V_{ab}\rho_{ba} + cc]$$

$$\dot{\rho}_{ab} = -(i\omega + \gamma)\rho_{ab} + \frac{i}{\hbar}V_{ab}(\rho_{aa} - \rho_{bb})$$

Este resultado resulta do facto de o Hamiltoniano não depender de $a$ a $b$ e de as excitações $\lambda_a(z_0,t)$ variarem suficientemente devagar para serem avaliadas no momento . $t$

Temos as equações de movimento das componentes da população

$$\dot{\rho}_{ab} = -(i\omega + \gamma)\rho_{ab} + \frac{i}{\hbar}V_{ab}(\rho_{aa} - \rho_{bb}) \quad (5.22)$$

$$\dot{\rho}_{aa} = \lambda_a - \gamma_a\rho_{aa} - \frac{i}{\hbar}[V_{ab}\rho_{ba} + cc] \quad (5.23)$$

$$\dot{\rho}_{bb} = \lambda_b - \gamma_a\rho_{bb} + \frac{i}{\hbar}[V_{ab}\rho_{ba} + cc] \quad (5.24)$$

Onde, evidentemente, $\rho_{ba} = \rho_{ab}$ . Em termos de $P(z,t)$ polarização complexa, a equação (5.18) é dada por

$$P(z,t) = 2\exp i(v_n t + \phi)\frac{1}{N}\int_0^L dzU^*{}_n(z)\wp\rho_{ab}(z,t) \quad (5.25)$$

Assim, através da determinação de $\rho_{ab}(z,t)$ é possível obter a amplitude e a frequência determinadas pela combinação de (5.25) com a equação de auto-consistência (2.46) e (2.47). A partir de agora, procederemos a esta determinação para um campo monomodo na aproximação da equação de taxa.

Os elementos fora da diagonal $\rho_{ab}$ são dados pelo integral formal da equação (5.21). Para este efeito, multiplicamos ambos os lados de (5.21) pelo fator de integração . $\exp(i\omega+\gamma t)$

Depois

$$\frac{d\rho_{ab}}{dt}\exp(i\omega+\gamma)t = -(i\omega+\gamma)\rho_{ab}\exp(i\omega+\gamma)t + \frac{i}{\hbar}V_{ab}(z,t)\exp(i\omega+\gamma)t(\rho_{aa}-\rho_{bb})$$

$$\frac{d\rho_{ab}}{dt}\exp(i\omega+\gamma)t + (i\omega+\gamma)\rho_{ab}\exp(i\omega+\gamma)t = +\frac{i}{\hbar}V_{ab}(z,t)\exp(i\omega+\gamma)t(\rho_{aa}-\rho_{bb})$$

$$d\{\rho_{ab}\exp(i\omega+\gamma)t\} = +\frac{i}{\hbar}V_{ab}(z,t)\exp(i\omega+\gamma)t(\rho_{aa}-\rho_{bb})dt$$

Integração de ambas as partes

$$\int d\{\rho_{ab}\exp(i\omega+\gamma)t\} = \int_{-\alpha}^{t}\frac{i}{\hbar}V_{ab}(z,t)\exp(i\omega+\gamma)t(\rho_{aa}-\rho_{bb})dt$$

$$\rho_{ab}\exp(i\omega+\gamma)t = \frac{i}{\hbar}\int_{-\alpha}^{t}dt'\exp(i\omega+\gamma)t'V_{ab}(z,t')[\rho_{aa}(z,t')-\rho_{bb}(z,t')]$$

$$\rho_{ab}\exp(i\omega+\gamma)t = \frac{i}{\hbar}\int_{-\alpha}^{t}dt'\exp(i\omega+\gamma)t'V_{ab}(z,t')[\rho_{aa}(z,t')-\rho_{bb}(z,t')]$$

$$\rho_{ab}(z,t) = \frac{i}{\hbar}\int_{-\alpha}^{t}dt'\exp[-(i\omega+\gamma)(t-t')]\times V_{ab}(z,t')[\rho_{aa}(z,t)-\rho_{bb}(z,t)] \tag{5.26}$$

A energia de perturbação $Vab = -\wp E(z,t)$ para um campo de equação de modo único em termos de aproximação de onda rotativa é dada por

$$Vab = -\frac{1}{2}\wp E_n(t)\exp[-i(v_n t+\phi)]U_n(z) \tag{5.27}$$

Assim, temos

$$\rho_{ab}(z,t) = \frac{i}{\hbar}\int_{-\alpha}^{t}dt'\exp[-(i\omega+\gamma)(t-t')]\times\{-\frac{1}{2}\wp E_n(t)\exp[-i(v_n t'+\phi)]U_n(z)\} \times[\rho_{aa}(z,t')-\rho_{bb}(z,t')] \tag{5.28}$$

Esta integração pode ser efectuada desde que a amplitude $E_n$ , a fase $\phi_n$ e a diferença de população $\rho_{aa}-\rho_{bb}$ não se alterem sensivelmente no tempo $\frac{1}{\gamma}$ , pois então estes termos podem ser considerados fora do integral. Estas condições constituem as aproximações da equação de taxa, como veremos em breve; conduzem à equação de taxa para as populações atómicas. O valor de $\rho_{ab}$ assim obtido pode ser substituído nas equações de movimento (5.23) e (5.24), que, em estado estacionário, determinam a diferença de população. Esta diferença pode ser substituída, por sua vez, na equação (5.28) para $\rho_{ab}$ , determinando assim a polarização complexa efectuando a integração (5.28) nestas aproximações, temos,

$$\rho_{ab}(z,t) = -\frac{1}{2} i \wp E_n(t) \hbar^{-1} (\rho_{aa} - \rho_{bb}) \int_{-\alpha}^{t} dt' \exp[-(i\omega + \gamma)(t - t')] \times \{\exp[-i(\nu_n t' + \phi)] U_n(z)\}$$

$$= -\frac{1}{2} i \wp E_n \hbar^{-1} (\rho_{aa} - \rho_{bb}) U_n(z) \int_{-\alpha}^{t} dt' \exp[-(i\omega + \gamma)t + i\omega t' + i\gamma t' - i\nu_n t' - \phi)]$$

$$= -\frac{1}{2} i \wp E_n \hbar^{-1} (\rho_{aa} - \rho_{bb}) U_n(z) \int_{-\alpha}^{t} dt' \exp[-(i\omega + \gamma)t - i\phi + \{i(\omega - \nu_n) + \gamma\} t']$$

$$= -\frac{1}{2} i \wp E_n \hbar^{-1} (\rho_{aa} - \rho_{bb}) U_n(z) \frac{1}{i(\omega - \nu_n) + \gamma} \exp[-(i\omega + \gamma)t - i\phi + \{i(\omega - \nu_n) + \gamma\} t']_{-\alpha}^{t}$$

$$= -\frac{1}{2} i \wp E_n \hbar^{-1} (\rho_{aa} - \rho_{bb}) U_n(z) \frac{1}{i(\omega - \nu_n) + \gamma} \exp[-i\omega t - \gamma t - i\phi + i\omega t - i\nu_n t + \gamma t]$$

$$= -\frac{1}{2} i \wp E_n \hbar^{-1} (\rho_{aa} - \rho_{bb}) \exp[-i(\nu_n t + \phi_n)] U_n(z) \frac{1}{i(\omega - \nu_n) + \gamma}$$

$$\rho_{ab}(z,t) = -\frac{1}{2} i \wp E_n \hbar^{-1} \exp[-i(\nu_n t + \phi_n)] U_n(z) \frac{(\rho_{aa} - \rho_{bb})}{i(\omega - \nu_n) + \gamma} \qquad (5.29)$$

Substituindo esta equação na equação de movimento (5.23) e (5.24) para $\rho_{aa}$ e $\rho_{bb}$ temos

$$\dot{\rho}_{aa} = \lambda_a - \gamma_a \rho_{aa} - \frac{i}{\hbar} [V_{ab} \rho_{ba} + cc]$$

$$= \lambda_a - \gamma_a \rho_{aa} - \left\{ \begin{array}{l} \frac{i}{\hbar}[-\frac{1}{2}\wp E_n(t)\exp[-i(\nu_n t + \phi_n)]U_n(z) \\ \times \frac{1}{2} i \wp E_n \hbar^{-1} \exp[i(\nu_n t + \phi_n)]U_n(z) \times \frac{(\rho_{aa} - \rho_{bb})}{i(\omega - \nu_n) + \gamma} + cc] \end{array} \right\}$$

$$= \lambda_a - \gamma_a \rho_{aa} + \{-\frac{1}{4}(\frac{\wp}{\hbar})^2 E_n^{\ 2} |U_n|^2 \times \frac{(\rho_{aa} - \rho_{bb})}{i(\omega - \nu_n) + \gamma} + cc\}$$

$$= \lambda_a - \gamma_a \rho_{aa} + \{-\frac{1}{4}(\frac{\wp}{\hbar})^2 E_n^{\ 2} |U_n|^2 \times \frac{[i(\omega - \nu_n) - \gamma]}{[i(\omega - \nu_n) + \gamma]\ [i(\omega - \nu_n) - \gamma]}(\rho_{aa} - \rho_{bb}) + cc\}$$

$$= \lambda_a - \gamma_a \rho_{aa} + \{-\frac{1}{4}(\frac{\wp}{\hbar})^2 E_n^{\ 2} |U_n|^2 \times \frac{[i(\omega - \nu_n) - \gamma]}{[i^2(\omega - \nu_n)^2 - \gamma^2]}(\rho_{aa} - \rho_{bb}) + cc\}$$

$$= \lambda_a - \gamma_a \rho_{aa} + \{-\frac{1}{4}(\frac{\wp}{\hbar})^2 E_n^{\ 2} |U_n|^2 \times [\frac{-\gamma}{i^2(\omega - \nu_n)^2 - \gamma^2} + \frac{i(\omega - \nu_n)}{i^2(\omega - \nu_n)^2 - \gamma^2}](\rho_{aa} - \rho_{bb}) + cc\}$$

$$= \lambda_a - \gamma_a \rho_{aa} + \{-\frac{1}{4}(\frac{\wp}{\hbar})^2 E_n^{\ 2} |U_n|^2 \times [\frac{\gamma}{(\omega - \nu_n)^2 + \gamma^2} - \frac{i(\omega - \nu_n)}{(\omega - \nu_n)^2 + \gamma^2}](\rho_{aa} - \rho_{bb}) + cc\}$$

$$= \lambda_a - \gamma_a \rho_{aa} + \{-\frac{1}{4}(\frac{\wp}{\hbar})^2 E_n^{\ 2} |U_n|^2 \gamma^{-1} \frac{2\gamma^2}{(\omega - \nu_n)^2 + \gamma^2}(\rho_{aa} - \rho_{bb})$$

$$= \lambda_a - \gamma_a \rho_{aa} + \{-\frac{1}{2}(\frac{\wp}{\hbar})^2 E_n^{\ 2} |U_n|^2 \gamma^{-1} \frac{\gamma^2}{(\omega - \nu_n)^2 + \gamma^2}(\rho_{aa} - \rho_{bb})$$

$$= \lambda_a - \gamma_a \rho_{aa} - \frac{1}{2}(\frac{\wp}{\hbar})^2 E_n^{\ 2} |U_n|^2 \gamma^{-1} L(\omega - \nu_n)(\rho_{aa} - \rho_{bb})$$

$$\dot{\rho}_{aa} = \lambda_a - \gamma_a \rho_{aa} - R(\rho_{aa} - \rho_{bb}) \qquad (5.30)$$

Da mesma forma

$$\dot{\rho}_{bb} = \lambda_b - \gamma_b \rho_{bb} + R(\rho_{aa} - \rho_{bb}) \qquad (5.31)$$

Em que a constante de velocidade $R = \frac{1}{2}(\frac{\wp}{\hbar})^2 E_n^{\ 2} |U_n|^2 \gamma^{-1} L(\omega - \nu_n)$ (5.32)

A dimensão menos Lorentziana $L(\omega - \nu_n)$ é definida aqui como

$$L(\omega - \nu_n) = \frac{\gamma^2}{(\omega - \nu_n)^2 + \gamma^2} \quad (5.33)$$

A figura 5 mostra o fluxo da população, como indicado em (5.30) e (5.31).

No estado estacionário

$$\dot{\rho}_{aa} = \dot{\rho}_{bb} = 0 \quad (5.34)$$

$$\lambda_a - \gamma_a \rho_{aa} - R(\rho_{aa} - \rho_{bb}) = 0 \quad (5.35)$$

$$\lambda_b - \gamma_b \rho_{bb} + R(\rho_{aa} - \rho_{bb}) = 0 \quad (5.36)$$

Dividindo (5.34) e (5.35) pelo termo $\gamma_a$ e $\gamma_b$ respetivamente, obtemos

$$\lambda_a \gamma_a^{-1} - \rho_{aa} - R\gamma_a^{-1}(\rho_{aa} - \rho_{bb}) = 0 \quad (5.37)$$

$$\lambda_b \gamma_b^{-1} - \rho_{bb} + R\gamma_b^{-1}(\rho_{aa} - \rho_{bb}) = 0 \quad (5.38)$$

Adicionando as equações (5.36) e (5.37) obtemos

$$\lambda_a \gamma_a^{-1} - \lambda_b \gamma_b^{-1} - \rho_{aa} - \rho_{bb} - R\gamma_a^{-1}(\rho_{aa} - \rho_{bb}) - R\gamma_b^{-1}(\rho_{aa} - \rho_{bb}) = 0$$

$$\lambda_a \gamma_a^{-1} - \lambda_b \gamma_b^{-1} - (\rho_{aa} - \rho_{bb})(1 + R\gamma_a^{-1} + R\gamma_b^{-1}) = 0$$

$$(\rho_{aa} - \rho_{bb})(1 + R\gamma_a^{-1} + R\gamma_b^{-1}) = \lambda_a \gamma_a^{-1} - \lambda_b \gamma_b^{-1}$$

$$(\rho_{aa} - \rho_{bb}) = \frac{\lambda_a \gamma_a^{-1} - \lambda_b \gamma_b^{-1}}{(1 + R\gamma_a^{-1} + R\gamma_b^{-1})}$$

$$= \frac{\lambda_a \gamma_a^{-1} - \lambda_b \gamma_b^{-1}}{1 + R(\gamma_a^{-1} + \gamma_b^{-1})}$$

$$= \frac{N(z)}{1 + R(\frac{\gamma_a + \gamma_b}{\gamma_a \gamma_b})}$$ onde $\gamma_{ab} = \frac{1}{2}(\gamma_a + \gamma_b)$

$$= \frac{N(z)}{1 + R(\frac{2\gamma_{ab}}{\gamma_a \gamma_b})}$$

$$= \frac{N(z)}{1 + \frac{R}{R_s}}$$

Assim, a diferença normalizada da população em termos da matriz de densidade $\rho_{aa}$ e $\rho_{bb}$ é dada por

$$(\rho_{aa} - \rho_{bb}) = \frac{N(z)}{1 + \frac{R}{R_s}} \qquad (5.39)$$

Em que o parâmetro de saturação $R_s = \frac{\gamma_a \gamma_b}{2\gamma_{ab}}$ (5.40)

e diferença de população insaturada $N(z) = \lambda_a \gamma_a^{-1} - \lambda_b \gamma_b^{-1}$ (5.41)

Constante de velocidade $R = \frac{1}{2}(\frac{\wp}{\hbar})^2 E_n^{\ 2} |U_n|^2 \gamma^{-1} L(\omega - \nu_n)$ (5,42)

Lorentziano sem dimensão $L(\omega - \nu_n) = \frac{\gamma^2}{(\omega - \nu_n)^2 + \gamma^2}$ (5.43)

$\gamma_a$ e $\gamma_b$ são as taxas de decaimento dos estados superior e inferior, respetivamente, e .

$\gamma_{ab} = \frac{1}{2}(\gamma_a + \gamma_b)$

Na equação (5.38), vemos que a diferença de população é dada pela diferença na ausência do campo $N(z)$ , dividida pelo fator $1 + \frac{R}{R_s}$ , que aumenta à medida que a intensidade do campo elétrico aumenta. Em particular, se $R = R_s$ ,então a diferença de população é $(\rho_{aa} - \rho_{bb}) = \frac{1}{2} N(z)$ que é metade do seu valor de campo zero. Para uma constante de taxa $R$ com dependência $U_n^{\ 2}(z) = \sin^2 K_n z$ , a diferença de população $(\rho_{aa} - \rho_{bb})$ também apresenta essa dependência. Para uma variação sinusoidal da intensidade do campo elétrico, a diferença de população é constituída por buracos espaçados de meio comprimento de onda [158]. Para ver como os buracos espaciais são realmente queimados na diferença de população, observamos que

$$U_n(z) = \sin K_n z \qquad , K_n = \frac{2\pi}{\lambda}$$

$$\frac{R}{R_s} = I_n \frac{2\gamma_{ab}}{\gamma} \frac{\gamma^2}{\gamma^2 + (\omega - \nu_n)} \sin^2 \frac{2\pi}{\lambda} z \tag{5.44}$$

$$I_n = \frac{1}{2} \frac{\wp^2}{\hbar^2 \gamma_a \gamma_b} E_n^{\,2}$$

Para a afinação central ( $\omega - \nu_n = 0$ $\omega - \nu_n = 0$ $\omega = \nu_n$ ), $2\gamma_{ab} = \gamma$ , a equação (5.39) passa a ser

$$(\rho_{aa} - \rho_{bb}) = \frac{N(z)}{1 + I_n \sin^2 K_n z}$$

$$\frac{(\rho_{aa} - \rho_{bb})}{N(z)} = \frac{1}{1 + I_n \sin^2 \frac{2\pi}{\lambda} z} \tag{5.45}$$

Para diferentes valores de $I_n$ , a diferença de população normalizada versus a coordenada axial z é representada na Fig. 5.6. Os buracos espaciais estão claramente representados.

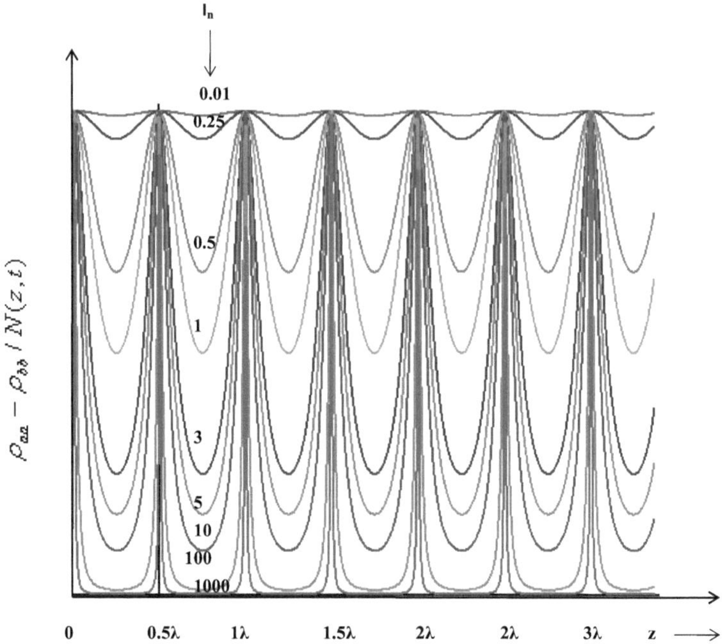


**Fig. 5.6: Diferença normalizada da população versus coordenada axial**

Nos nós do campo, a diferença de população tem o valor de campo zero. A diferença de população normalizada versus a coordenada do eixo z, os buracos espaciais queimados pelo campo laser nesta diferença são claramente representados. É de notar que o valor de

A queima de buracos espaciais [120,158-160] é responsável pela supressão de ganho numa cavidade laser. Este fenómeno surge naturalmente na teoria semiclássica do laser. Este fenómeno aparece no gráfico que representa a diferença de população normalizada versus a coordenada axial ao longo do eixo z. Apesar de o buraco queimado pela intensidade do campo para átomos que não se movem ser visto a desaparecer para átomos que se movem rapidamente, o efeito está inerentemente presente no oscilador laser [161].

## 5.4 Lasing sem inversão e queima de buracos espaciais:

Uma das questões centrais das técnicas laser é a geração de laser no domínio dos raios X. No entanto, uma vez que a inversão da população entre os estados que se ligam no laser de comprimento de onda ultra curto é, em geral, difícil de realizar. Além disso, mesmo que seja alcançada uma inversão de população entre dois estados, a forte emissão espontânea produz um grande ruído de fase, uma vez que a taxa de emissão espontânea está relacionada com o comprimento de onda do laser numa relação de inversão cúbica. Consequentemente, é impossível que um laser de comprimento de onda ultra curto tenha uma largura de linha estreita. Recentemente, reconheceu-se teoricamente que, em condições adequadas, é possível obter uma acumulação de radiação coerente nalguns sistemas multinível, mesmo na ausência de população. Este novo tipo de mecanismo é designado por "lasing sem inversão" [66, 88,150,162,163]. Como não é necessária uma grande população no nível superior de lasing, o ruído de fase da emissão espontânea é bastante pequeno e o laser gerado desta forma terá uma largura de linha natural muito estreita [66,162].

Foram propostos vários esquemas de LWI e estão atualmente em curso várias experiências, tendo algumas demonstrações experimentais sido bem sucedidas [62, ,116]. Os esquemas de três níveis de Bloembergen, que foram desenvolvidos há cinco décadas, têm as caraterísticas essenciais da LWI. Vimos que, neste sistema, dois campos podem incidir sobre um conjunto, um campo forte em ressonância com a frequência $\nu_{31}$ (frequência que separa o nível do solo e o nível mais elevado de excitação) e o campo de sinal fraco com a frequência $\nu_{32}$ . Na LWI, também é permitido que dois campos incidam sobre este conjunto; um campo forte e outro campo fraco e o acoplamento ocorre entre os dois campos. Vimos que, devido à proximidade de dois níveis, há incerteza em fazer transições para o nível superior ou inferior, dependendo se o sistema é do tipo Λ ou do tipo V, resultando em interferência destrutiva [56,57].Para apresentar a física básica do LWI, é melhor considerar a teoria desse efeito na configuração de três níveis Λ e, em seguida, demonstrar como o conceito de lasing sem inversão pode ser realizado. A análise teórica prevê que o lasing sem inversão pode ser alcançado na configuração simples do esquema V de três níveis [63], requer mais população no estado fundamental do que no estado excitado, ou seja, o lasing sem inversão requer $\rho_{aa} < \rho_{bb}$ .( $\rho_{aa}$ estado excitado e $\rho_{bb}$ estado fundamental, a população está na notação da matriz de densidade)

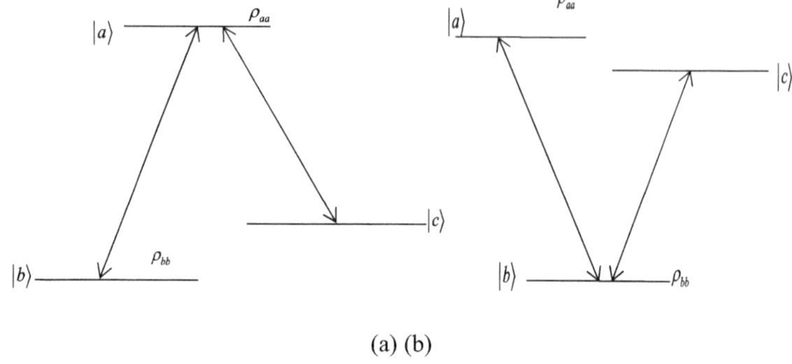


(a) (b)

Fig 5.7(a) ,(b) : Configuração do esquema de três níveis Λ e V

Se considerarmos $\rho_{aa} < \rho_{bb}$ e aplicarmos na equação (5.39), obtemos que o lado esquerdo da equação é negativo, a diferença populacional será negativa e esta expressão pode ser reformulada como

$$\frac{\rho_{bb} - \rho_{aa}}{N(z,t)} = \frac{1}{1 + R/R_S} \qquad (5.46)$$

Na equação (5.39), vemos que a diferença populacional é dada por N (z) dividido por um fator $1 + \frac{R}{R_S}$ e observamos que as equações (1) e (2) do LHS são iguais em magnitude.

Quando $R = R_S$ a diferença populacional é

$$\rho_{aa} - \rho_{bb} = \frac{1}{2} N(z)$$

Ou seja, a diferença entre as populações passa a ser metade do seu valor, mas aqui quando $\rho_{aa} < \rho_{bb}$ $\rho_{aa} - \rho_{bb} = -\frac{1}{2} N(z)$ que pode ser modificado como

$$\rho_{bb} - \rho_{aa} = \frac{1}{2} N(z)$$

Aqui $-N(z) = \lambda_a \gamma_a^{-1} - \lambda_b \gamma_b^{-1}$

e $\rho_{aa} - \rho_{bb} = \lambda_b \gamma_b^{-1} - \lambda_a \gamma_a^{-1}$

Quando o tempo de vida no nível superior "a" é relativamente mais curto do que o tempo de vida no nível inferior "b"($\frac{1}{\gamma_a} << \frac{1}{\gamma_b}$,), significa $\gamma_a >> \gamma_b$ que provoca uma diminuição da inversão e do ganho líquido. Isto indica que a queima de buracos espaciais também afecta o ganho em lasing sem inversão, e é interessante notar que este ponto não foi discutido em vários esquemas que lidam com lasing sem inversão. Assim, qualquer dispositivo de alta potência que lide com LWI deve também considerar o efeito da queima de buracos espaciais. Vale a pena notar que a presença de queima de buracos espaciais inibe o ganho ou a amplificação de um meio laser e deve ser fornecido um mecanismo adequado para que o efeito seja superado. Neste contexto, vale a pena relacionar o fenómeno da queima de buracos espaciais com os processos de LWI. Vimos que a população é necessária para a produção de luz e que a principal razão para esta inversão da população é superar a absorção que está inerentemente presente no processo de interação da radiação com a matéria. Discutimos este assunto no caso da LWI. A absorção inibe o ganho no processo de lasing e, na queima espacial encontrada na teoria semi-clássica dos lasers, o ganho ou amplificação é suprimido sinusoidalmente ao longo do eixo do laser. Além disso, verificamos que a absorção inibe o ganho e que, para o ultrapassar, é necessária a inversão da população. Da mesma forma, a queima de buracos espaciais inibe o ganho e, para o superar, é necessário que a intensidade sem dimensão do meio laser $I_n$ seja extremamente pequena, ou seja, 0,001, o que indica um sistema extremamente diluído. No LWI, a absorção é cancelada através do processo de interferência quântica, o que conduz à amplificação ou à libertação de energia mesmo na ausência de população nos estados excitados. A queima de buracos no espaço inibe o ganho, tal como a absorção inibe a inversão da população e o ganho (lasing). A absorção é cancelada através de interferência quântica, o que leva a um ganho (lasing). Desta forma, observámos que ambos os processos são análogos. Para além disso, por detrás de cada radiação deve haver algum decaimento. Na LWI, embora exista uma menor quantidade de decaimento, este não é totalmente responsável pela lasing. Sem perda de generalidade, podemos deduzir que, neste caso, o decaimento é estimulado ou que o decaimento estimulado é responsável pela lasing sem inversão.

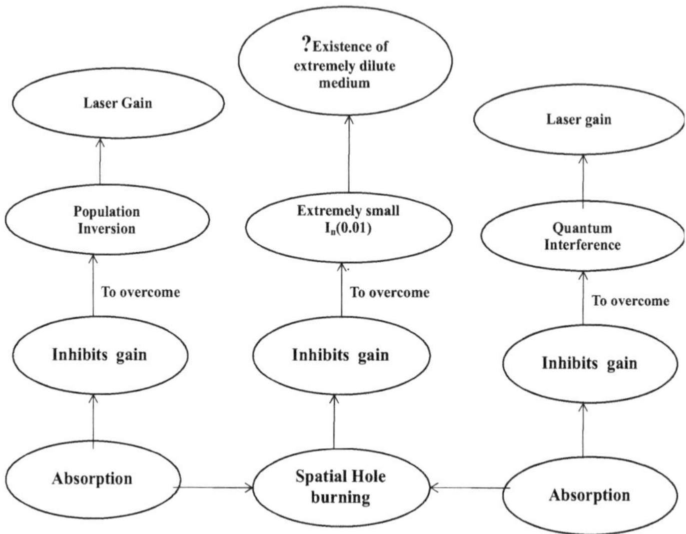


**Fig. 5.8 (a): Representação esquemática da queima de furos espaciais, Lasing com inversão e Lasing sem inversão.**

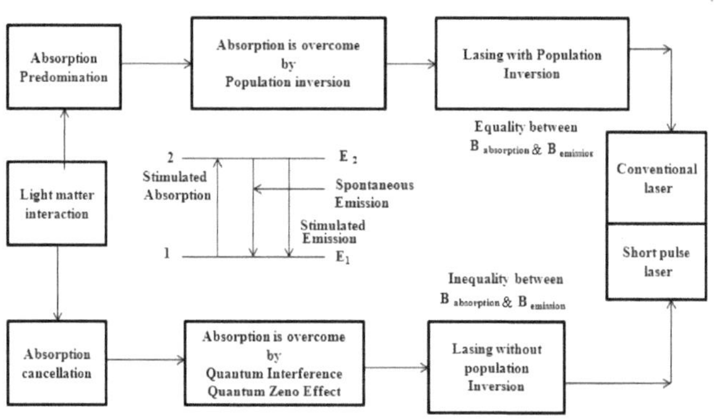


**Fig. 5.8(b): Representação esquemática da absorção, Lasing com inversão e Lasing sem inversão**

## 5.5 Queima de buracos espaciais, reflexão múltipla no interior de uma cavidade Fabry Perot e

### Estado espremido.

Nas secções anteriores, analisámos a condição de queima de buracos espaciais, considerando a polarização do meio na teoria semiclássica do laser. O papel da queima de buracos espaciais em LWI também foi discutido. Nesta secção, fazemos uma comparação entre a queima de buracos espaciais na teoria semiclássica do laser, o contorno de intensidade das franjas devido à reflexão múltipla numa cavidade de Fabry Perot e os estados comprimidos. Os dois primeiros fenómenos já foram discutidos anteriormente e, por conveniência, indicamos a seguir as caraterísticas mais importantes associadas a cada um deles. A equação (5.46) representa a equação da diferença de população normalizada que pode ser representada em função das coordenadas axiais z ao longo do eixo do laser. Do mesmo modo, a intensidade dos raios transmitidos pode ser calculada [158] como

$$I_T = \frac{I_0}{1+[4r^2/(1-r^2)^2]\sin^2\delta/2} \qquad (5.47)$$

Quando $\delta = 2\pi m$, atinge os máximos $\sin^2(\delta/2) = 0$ , $I_T = I_0$ quando a reflectância $r^2$ é grande, aproximando-se da unidade, a quantidade $4r^2/(1-r^2)^2$ também será grande e mesmo um pequeno desvio do seu valor resultará numa queda rápida da intensidade. A Fig. 5.9 mostra o contorno da intensidade das franjas devido a reflexões múltiplas, indicando que a analogia exacta com o caso da diminuição da magnitude da diferença de população normalizada com o aumento da intensidade adimensional tem o seu paralelo no contorno da intensidade das franjas devido a reflexões múltiplas, onde se mostra que a nitidez das franjas do feixe transmitido depende da reflectância.

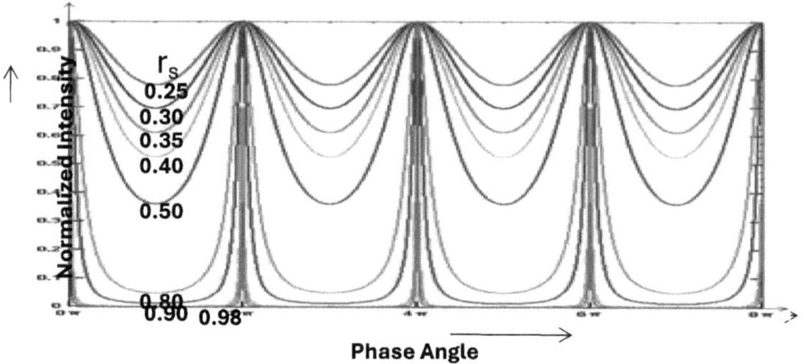


**Fig. 5.9: Contorno de intensidade de frienges devido a reflexões múltiplas indicando**

**analogia com os buracos espaciais.**

Consideramos agora que um único estado da luz conhecido tem menos incerteza numa quadratura do que um estado coerente. O que é um estado espremido? O campo elétrico de uma onda plana quase monocromática pode ser decomposto em componentes de quadratura com *coswt* e *sinwt* dependentes do tempo, respetivamente. Num estado coerente, a contrapartida quântica mais próxima de um campo clássico, as flutuações nas duas quadraturas são iguais e minimizam o produto de incerteza dado pela relação de incerteza de Heisenberg. As flutuações quânticas num estado coerente são iguais às flutuações do ponto zero e estão distribuídas aleatoriamente em fase. Estas flutuações do ponto zero representam o limite quântico padrão para a redução do ruído num sinal. Mesmo um laser ideal que funcione num estado coerente puro continua a ter ruído quântico devido às flutuações do ponto zero. São possíveis outros estados de incerteza mínima que têm menos flutuações numa fase de quadratura. Tais estados foram designados por estados comprimidos [164-167] (outros nomes incluem estados coerentes de dois fotões, estados coerentes generalizados).

Consideramos agora o caso específico da variância da quadratura generalizada

$$\vec{X}(\theta) = \exp(-i\theta)\vec{a} + \exp(i\theta)\vec{a}^{+}$$

A quadratura seria medida no ângulo de rotação $\theta$ . Esta variância é dada por [168]

$$Var\{\vec{X}(\theta)\} = \cosh(2r_s) - \sinh(2r_s)\cos 2(\theta - \theta_s) \quad (5.48)$$

Esta é uma expressão bastante complexa que mostra que a variância é uma função periódica do ângulo de rotação, como seria de esperar do conceito de ângulo, como seria de esperar do conceito de elipse em rotação. Tem um mínimo em $\theta = -\theta_s$ e um máximo na direção ortogonal $\theta = -\theta_s + \pi / 2$ . Esta variância está representada na Fig. 5.10 para um ângulo de compressão fixo $\theta_s = -\pi / 3$ e para o parâmetro rs=0,25, 0,5, 0,75 e 1. Pode ver-se que, à medida que o parâmetro de compressão aumenta, a variância mínima diminui e a variância máxima aumenta.

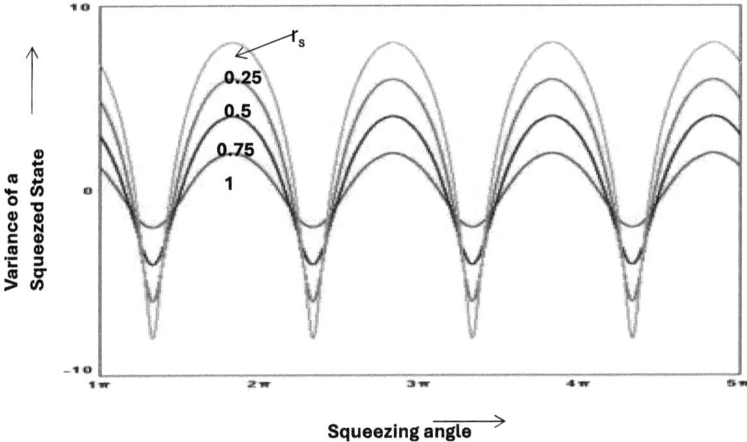


**Fig. 5.10: Um gráfico numa escala logarítmica (dB) acima do limite do ruído quântico da variância de um estado comprimido com $\theta_s = -\pi / 3$ em função do ângulo de compressão e para diferentes parâmetros de compressão**

Na presente secção, tentámos apresentar uma analogia em três domínios diferentes da física, ou seja, clássico, semiclássico e quântico. Os estados espremidos representam uma classe de estados quânticos para os quais não existe analogia clássica. O presente trabalho pode lançar alguma luz nesta direção.

No presente trabalho investigámos o papel da entropia numa cavidade e fizemos um estudo comparativo entre os conceitos de Einstein e Lamb (conceito de reservatório). É de notar que nas derivações de Einstein da fórmula da radiação é assumida uma cavidade com paredes fechadas em equilíbrio térmico. Não há indicação de como se processa a ação do laser. Na teoria do reservatório já se assume uma cavidade Fabry Perot em que são utilizados espelhos dieléctricos perfeitamente reflectores para amplificar a emissão estimulada. Em ambas as abordagens é indicado o papel da entropia. É também efectuada uma comparação entre um ciclo de Carnot e lasers de quatro níveis. Mostrámos que o fenómeno de queima espacial também afecta o ganho em lasing sem inversão.

## Teoria quântica do laser e da medição

### 6.1 Introdução:

O presente capítulo trata do funcionamento de um laser monomodo, em que tanto os átomos como o campo obedecem às leis da mecânica quântica. As estatísticas dos fotões laser [45, 53,120,169] foram discutidas brevemente e as equações essenciais foram elaboradas. O problema básico associado à largura de linha do laser é discutido. Também são trabalhadas as caraterísticas essenciais da teoria da medição [170-174] e a sua relação com o efeito Zeno Quântico.

### 6.2 Equação de movimento de campo

Queremos calcular o efeito que um átomo tem sobre o campo laser na sua passagem pela cavidade. Supomos, para a maior parte da discussão, que o campo está sintonizado no centro da linha atómica e que os átomos activos são um sistema de dois níveis, que passa através de uma cavidade no tempo $\tau$ . O ponto central da nossa abordagem é o pressuposto de que a amplitude da probabilidade do número de fotões do campo $C_n(t)$ num vetor representativo do estado do campo, $|\psi(t)\rangle = \sum_n C_n(t)|n\rangle$ , não se altera sensivelmente devido à interação com um único átomo (ou mesmo com vários átomos). Isto é fisicamente razoável, uma vez que o efeito da radiação emitida por um único átomo é distribuído por todos os muitos $C_n(t)$ 's, e não apenas por um ou dois. A nossa hipótese é a contrapartida do campo quântico da aproximação semiclássica, segundo a qual o fasor do campo elétrico $E_n(t)\exp[-i\phi_n(t)]$ não varia sensivelmente nos tempos de vida dos átomos e, portanto, pode ser considerado fora das integrações atómicas ao longo do tempo. Neste caso, supomos que $C_n(t)$ não se altera muito no intervalo de tempo de granulação grosseira . $\Delta t$

Calculamos uma derivada temporal grosseira da matriz de densidade de campo $\rho_{nm}(t)$ . Para tal, recordamos que a alteração em $\rho_{nm}$ devido à interação de um átomo durante um tempo $\tau$ é dada por

$$\delta\rho_{nm}(t) = \sum_a \rho_{an,am}(t+\tau) - \rho_{nm}(t) \tag{6.1}$$

A alteração devida a $N$ átomos que actuam num pequeno intervalo de tempo $\Delta t$ é

$$\Delta\rho_{nm}^{(\tau)}(t) = N(\Delta t)\delta\rho_{nm}^{(\tau)}(t) \tag{6.2}$$

Se definirmos a taxa de injeção atómica como $r$ , então $N(\Delta t) = r\Delta r$ e podemos escrever as derivadas de granulometria grosseira para $\rho_{nm}(t)$ como

$$\frac{\Delta\rho_{nm}^{(\tau)}(t)}{\Delta t} = r\delta\rho_{nm}(\tau)(t) \tag{6.3}$$

Isto pressupõe que cada átomo vive durante um tempo $\tau$ e é depois removido.

Mais próximo da situação física real está um modelo que remove os átomos após um tempo $\tau$ (por colisão, ou por emissão espontânea para um nível não lasing), descrito pela distribuição de probabilidade $P(\tau)$ . A alteração média do campo de radiação por átomo é então dada por

$$\delta\rho_{nm}(t) = \int_0^{\alpha} d\tau P(\tau)\delta\rho_{nm}(\tau)(t) \tag{6.4}$$

Em que o limite superior $\alpha$ é longo em relação à média $\tau$ ,dada por $P(\tau)$ , mas curto em relação a $\Delta t$ . A escolha $P(\tau) = \gamma\exp(-\gamma\tau)$ simula a emissão espontânea com

constantes de decaimento $\gamma_a = \gamma_b = \gamma_c$ . A taxa de variação temporal média granular, que pode ser calculada a partir das equações (6.1), (6.2), (6.3) e (6.4), é dada por

$$\rho_{nm} \approx \frac{\Delta\rho nm(t)}{\Delta t} = r\int_0^{\alpha} d\tau P(\tau)\delta\rho_{nm}^{(\tau)}(t)$$

$$= r\int_0^{\alpha} d\tau\ \gamma\exp(-\gamma\tau)\ \delta\rho_{nm}^{(\tau)}(t)\sum_a \rho_{an;am}(t+\tau) - \rho_{nm}(t) \tag{6.5}$$

Para um átomo inicialmente excitado, o vetor de estado do campo combinado do átomo é dado por

$$\left|\psi_{a-f}\right\rangle = |a\rangle|\psi(t)\rangle \tag{6.6}$$

O vetor médio desenvolve-se no tempo e escreve-se como

$$\left|\psi_{a-f}(t+\tau)\right\rangle = \sum_n C_{a,n}(t+\tau)|a\rangle|n\rangle + C_{b,n}+1(t+\tau)|b\rangle|n+1\rangle \tag{6.7}$$

Onde, $C_{a,n}(t)$ e $C_{b,n+1}(t)$ são as amplitudes de probabilidade do campo atómico.

No momento $(t+\tau)$ ,para o qual a condição inicial (6.7) é

$$C_{a,n}(t) = C_n(t) \qquad , C_{b,n+1}(t) = 0 \quad (6.8)$$

O elemento da matriz $\rho_{an,am}(t+\tau)$ requerido pela equação (6.5) é então dado por

$$\begin{aligned}\rho_{an,am}(t+\tau) &= \sum_\psi P_\psi C_{an}(t+\tau)C_{am}*(t+\tau)\\ &= \sum_\psi P_\psi C_n(t)C_m*(t)\cos(g\tau\sqrt{n+1})\cos(g\tau\sqrt{m+1})\\ &= \rho_{nm}(t)\cos(g\tau\sqrt{n+1})\cos(g\tau\sqrt{m+1})\end{aligned}$$

Aqui a soma sobre $\psi$ aplica-se aos possíveis produtos de amplitude de probabilidade $C_n C_m*$ na mistura de campos descrita por $\rho_{nm}$ . Do mesmo modo

$$\rho_{bn,bm}(t+\tau) = \rho_{n-1,m-1}(t)\sin(g\tau\sqrt{n})\sin(g\tau\sqrt{m})$$

Inserindo estes elementos da matriz na equação (6.5), obtemos as derivadas temporais médias de granulometria grosseira

$$\dot{\rho}_{nm}(t) = -r_a\rho_{nm}(t)[1-\gamma\int_0^\alpha d\tau\exp(-\gamma\tau)\cos(g\tau\sqrt{n+1})\cos(g\tau\sqrt{m+1})]$$

$$+r_a\rho_{n-1,m-1}\gamma\int_0^\alpha d\tau\exp(-\gamma\tau)\sin(g\tau\sqrt{m})\sin(g\tau\sqrt{m})$$

Em particular os elementos da diagonal $\rho_{nn}$ a probabilidade de n fotões temos a equação do movimento.

$$\dot{\rho}_{nm}(t) = -r_a\rho_{nn}(t)[1-\gamma\int_0^\alpha d\tau\exp(-\gamma\tau)\cos(g\tau\sqrt{n+1})\cos(g\tau\sqrt{n+1})$$

$$+r_a\rho_{n-1,n-1} - \gamma\int_0^\alpha d\tau\exp(-\gamma\tau)\sin(g\tau\sqrt{n})\sin(g\tau\sqrt{n}) \tag{6.9}$$

Esta equação tem a simples interpretação

$\dot{\rho}_{nn}$ = - {(Número de átomos injectados por segundo) × (Probabilidade de $n$ fotões)

(probabilidade média de emissão estimulada por um campo de n fotões)}

+ {(N.º de átomos injectados por segundo) × (Probabilidade de $n$-$1$ fotões) ×

(Média

Probabilidade de emissão estimulada pelo campo de $n$-$1$ fotões)}

(6.10)

Observando que

$$\gamma\int_0^{\alpha} d\tau \exp(-\gamma\tau)\begin{pmatrix}\cos(g\tau\sqrt{n+1}) & \cos(g\tau\sqrt{m+1})\\ \sin(g\tau\sqrt{n+1}) & \sin(g\tau\sqrt{m+1})\end{pmatrix}$$

$$=\frac{1}{4}\gamma\int_0^{\alpha} d\tau\{\exp-\gamma\tau-ig\tau(\sqrt{n+1}-\sqrt{m+1}\}\pm\{\exp-\gamma\tau-ig\tau(\sqrt{n+1}-\sqrt{m+1}\}+c.c$$

$$=\frac{1+\left(\frac{g}{\gamma}\right)^2(n+1+m+1)\times 2\left(\frac{g}{\gamma}\right)^2[(m+1)(n+1)]^{\frac{1}{2}}}{1+2\left(\frac{g}{\gamma}\right)^2(n+1+m+1)+\left(\frac{g}{\gamma}\right)^4(n-m)^2} \tag{6.11}$$

Encontramos para a equação (6.8)

$$\dot{\rho}_{nm}=-\left(\frac{N_{nm'}A}{1+N_{nm}B/A}\right)\rho_{nm}+\left(\frac{\sqrt{nm}A}{1+N_{n-1,m-1}B/A}\right)\rho_{n-1,m-1} \tag{6.12}$$

Em que o coeficiente de ganho linear

$$A=2r_a\left(\frac{g}{\gamma}\right)^2 \tag{6.13}$$

O coeficiente de auto-saturação

$$B=4\left(\frac{g}{\gamma}\right)^2 A \tag{6.14}$$

e o fator de dimensão

$$N_{nm'}'=\frac{1}{2}(n+1+m+1)+\frac{\frac{1}{8}(n-m)^2 B}{A} \tag{6.15}$$

$$N_{nm} = \frac{1}{2}(n+1+m+1) + \frac{\frac{1}{16}(n-m)^2 B}{A} \tag{6.16}$$

A equação (6.12) determina a evolução da matriz de densidade devido ao meio de ganho. Descrevemos as perdas da cavidade por um feixe atómico de átomos de dois níveis inicialmente no seu nível mais baixo.

A equação de movimento da matriz de densidade $\rho_{nm}$ é dada por

$$\dot{\rho}_{nm} = -\left(\frac{N_{nm'}A}{1+N_{nm}B/A}\right)\rho_{nm} + \left(\frac{\sqrt{nm}A}{1+N_{n-1,m-1}B/A}\right)\rho_{n-1,m-1}$$

$$-\frac{1}{2}\frac{\nu}{Q}(n+m)\rho_{nm} + \frac{\nu}{Q}[(n+1)(m+1)]^{\frac{1}{2}}\rho_{n+1,m+1} \tag{6.17}$$

Onde $\frac{\nu}{Q} = \frac{R_b}{\bar{n}+1} = \frac{R_a}{\bar{n}} = R_b - R_a$

$R_a = r_a g^2 \tau^2$ Coeficiente de taxa de modo único para o estado $|a\rangle$

$R_b = r_b g^2 \tau^2$ Coeficiente de taxa de modo único para o estado $|b\rangle$

$g$ = constante de acoplamento.

$r_a$ e $r_b$ taxas de excitação dos estados $|a\rangle$ e $|b\rangle$

$\bar{n}$ Número médio de fotões, na equação (6.17) assume-se que $\bar{n} = 0$

Em particular, os elementos da diagonal têm a equação de movimento $\rho_{nn}$ (a probabilidade de n fotões) tem a equação de movimento

$$\dot{\rho}_{nn}(t) = -\left(\frac{(n+1)A}{1+(n+1)B/A}\right)\rho_{nn}(t) + \left(\frac{nA}{1+nB/A}\right)\rho_{n-1,n-1} - \frac{\nu}{Q}n\rho_{nn} + \frac{\nu}{Q}(n+1)\rho_{n+1,n+1} \tag{6.18}$$

É interessante notar que os elementos diagonais estão acoplados apenas a elementos diagonais e que, mais geralmente, apenas os elementos fora da diagonal com a mesma diferença n-m estão acoplados. Neste caso, estamos interessados apenas nas probabilidades de os átomos efectuarem transições. No trabalho que se segue, consideramos a aproximação de quarta ordem para (6.18). A aproximação é dada pela expansão do denominador de (6.18) em dois termos, ou seja

$$\dot{\rho}_{nn}(t) = -\left(\frac{(n+1)A}{1+(n+1)B/A}\right)\rho_{nn}(t) + \left(\frac{nA}{1+nB/A}\right)\rho_{n-1,n-1} - \frac{\nu}{Q}n\rho_{nn} + \frac{\nu}{Q}(n+1)\rho_{n+1,n+1}$$

$$\approx -\left(1+(n+1)\frac{\mathbf{B}}{A}\right)^{-1}(n+1)A\rho_{nn}(t) + \left(1+n\frac{\mathbf{B}}{A}\right)^{-1}nA\rho_{n-1,n-1} - \frac{\nu}{Q}n\rho_{nn}(t) + \frac{\nu}{Q}(n+1)\rho_{n+1,n+1}$$

$$= -\left(1-(n+1)\frac{\mathbf{B}}{A}\right)(n+1)A\rho_{nn}(t) + \left(1-n\frac{\mathbf{B}}{A}\right)nA\rho_{n-1,n-1} - \frac{\nu}{Q}n\rho_{nn}(t) + \frac{\nu}{Q}(n+1)\rho_{n+1,n+1}$$

$$= -\left(A-(n+1)B\right)(n+1)\rho_{nn}(t) + \left(A-nB\right)n\rho_{n-1,n-1} - \frac{\nu}{Q}n\rho_{nn}(t) + \frac{\nu}{Q}(n+1)\rho_{n+1,n+1}(t) \tag{6.19}$$

Resumimos o significado físico desta equação (6.19) na figura 6.1

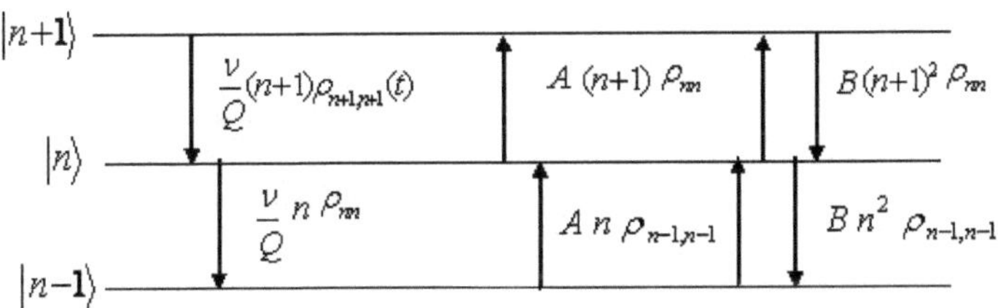


**Fig. 6.1 Fluxo de probabilidade na equação da taxa de fotões (6.19)**

Aí vemos que a probabilidade é "fluxo" para dentro e para fora de $|n\rangle$ o estado de para os estados vizinhos $|n-1\rangle$ e $|n+1\rangle$. O termo $\frac{\nu}{Q}n\rho_{nn}$, por exemplo, representa o fluxo do estado $|n\rangle$ para o estado $|n-1\rangle$ devido à absorção de fotões pelos átomos perdedores e é igual à taxa $\frac{\nu}{Q}$ vezes o número de fotões n vezes a probabilidade de ter n fotões, $\rho_{nn}$. O termo [$(A-(n+1)B)(n+1)\rho_{nn}$ ] representa o fluxo da probabilidade do estado

$|n\rangle$ para o estado $|n+1\rangle$ devido à emissão de fotões por átomos lasing inicialmente nos seus estados superiores.

Nesta secção, calculámos o número médio de fotões em termos da equação da taxa de fotões. A equação da velocidade dos fotões (6.19) é

$$\dot{\rho}_{nn}(t) \approx -(A-(n+1)B)(n+1)\rho_{nn}(t) + (A-nB)n\rho_{n-1,n-1} - \frac{\nu}{Q}n\rho_{nn}(t) + \frac{\nu}{Q}(n+1)\rho_{n+1,n+1}(t)$$

Número médio de fotões

$$\langle n(t)\rangle = \sum_n n\rho_{nn}(t) \qquad (6.20)$$

Utilizando (6.19) e (6.20) obtemos que

$$\frac{d}{dt}\langle n(t)\rangle = \sum n\dot{\rho}_{nn}(t)$$

$$\frac{d}{dt}\langle n(t)\rangle = \sum_n^{\alpha}[(-n^2-n)A + (n^2+2n+1)B]\rho_{nn}(t)$$

$$+(n^2A - n^3B)n\rho_{n-1,n-1}(t) - \frac{\nu}{Q}n^2\rho_{nn}(t) + \frac{\nu}{Q}n(n+1)\rho_{n+1,n+1}(t)$$

Seja m=n+1 no somatório sobre $\rho_{n+1,n+1}$ e m=n-1 no somatório sobre . $\rho_{n-1,n-1}$

$$\frac{d}{dt}\langle n(t)\rangle = [-n^2\rho_{nn}(t)A - n\rho_{nn}(t)A + (n^2\rho_{nn}(t) + 2n\rho_{nn}(t) + \rho_{nn}(t))B]$$

$$+\sum_{m=0}^{\alpha}((m+1)^2A - (m+1)^3B)\rho_{m,m}(t)$$

$$-\frac{\nu}{Q}n^2\rho_{nn}(t) + \frac{\nu}{Q}\sum_{m=1}^{\alpha}(m^2-m)\rho_{m,m}(t)$$

(6.21)

Colocando de novo $n^2\rho_{n,n} = \langle n^2\rangle$ e $n\rho_{n,n} = \langle n\rangle$ , negligenciando o termo de ordem superior (m+1)$^3$ encontramos

$$\frac{d}{dt}\langle n(t)\rangle = -\langle n^2\rangle A - \langle n\rangle A + (\langle n^2\rangle + 2\langle n\rangle + 1)B$$

$$-\frac{\nu}{Q}\langle n^2\rangle+(\langle m^2\rangle+2\langle m\rangle+1)A+\frac{\nu}{Q}\langle m^2\rangle-\frac{\nu}{Q}\langle m\rangle$$

Considerando m=n, obtemos

$$\frac{d}{dt}\langle n(t)\rangle=-\langle n^2\rangle A-\langle n\rangle A-(\langle n^2\rangle B+2\langle n\rangle B+B)-$$

$$-\frac{\nu}{Q}\langle n^2\rangle+\langle n^2\rangle A+2\langle n\rangle A+A+\frac{\nu}{Q}\langle n^2\rangle-\frac{\nu}{Q}\langle n\rangle$$

Anulando os termos semelhantes

$$\frac{d}{dt}\langle n(t)\rangle=-(\langle n^2\rangle B+2\langle n\rangle B+1)B+\langle n\rangle A+A+-\frac{\nu}{Q}\langle n\rangle$$

$$\frac{d}{dt}\langle n(t)\rangle=\langle n\rangle\left(A-\frac{\nu}{Q}\right)+A-\langle(n+1)^2\rangle B \tag{6.22}$$

Para além das considerações espaciais, isto corresponde à equação clássica do movimento de intensidade monomodo dada por $\nu_n+\phi_n=\Omega_n+\sigma_n$

Para a intensidade sem dimensão $I_n$ de $I_n=\frac{1}{2}\frac{\wp^2}{\hbar^2\gamma_a\gamma_b}E_n{}^2$

$$\dot{I}_n=2I_n(a_n-\beta_n I_n) \tag{6.23}$$

Sabendo que a energia na cavidade é dada por $\hbar\nu\langle n\rangle$ ou semi classicamente por $\frac{1}{2}\varepsilon_0E^2V$ onde V é o volume da cavidade, vemos que o ganho líquido co eficiente $a_n$ tem correspondência

$$a_n\leftrightarrow\frac{1}{2}\left(a-\frac{\nu}{Q}\right) \qquad ,(6.24)$$

e o coeficiente de auto-saturação

$$\beta\leftrightarrow B\frac{8\hbar\nu}{\varepsilon_0V} \tag{6.25}$$

O segundo termo da equação (6.22), ou seja, A, dá origem à emissão espontânea no modo do campo laser e não aparece na equação clássica (6.23). Vemos que $I_n = 0$ , o campo semiclássico permanece zero para sempre. Em contrapartida, a equação quântica (6.22) pode ser construída a partir de zero devido a este termo espontâneo, A.

**6.3 Estatísticas dos fotões laser:**

A probabilidade $\rho_{nn}$ do campo laser de n-fótons muda com o tempo devido ao ganho produzido pela emissão estimulada e pelas perdas. Consideramos aqui a solução em estado estacionário da equação de movimento (6.19) para $\rho_{nn}$ e as estatísticas do número de fotões que a solução em estado estacionário implica. A condição de estado estacionário $\dot{\rho}_{nn} = 0$ , é satisfeita se o fluxo de probabilidade entre, por exemplo, os estados $|n+1\rangle$ e $|n\rangle$ for exatamente zero, ou seja

$$(A - nB)n\rho_{n-1,n-1} - \frac{v}{Q}n\rho_{nn}(t) + \frac{v}{Q}(n+1)\rho_{n+1,n+1}(t) - (A-(n+1)B)(n+1)\rho_{nn}(t) = 0$$

(6.26)

Ou $(A - nB)n\rho_{n-1,n-1} - \frac{v}{Q}n\rho_{nn} = 0$

Ou $\frac{v}{Q}(n+1)\rho_{n+1,n+1} - [A-(n+1)B](n+1)\rho_{nn} = 0$ (6.27)

A solução de (6.27)

$$\rho_{n+1,n+1} = \frac{A-(n+1)B}{v/Q}\rho_{nn} \qquad (6.28)$$

O que determina $\rho_{nn}$ para qualquer n, em termos de . $\rho_{00}$

Especificamente, a probabilidade de ter um fotão é

$$\rho_{11} = \frac{A-B}{v/Q}\rho_{00} \qquad (6.29)$$

A probabilidade de haver dois fotões é

$$\rho_{22} = \left(\frac{A-2B}{\nu/Q}\right)\rho_{11}$$

$$= \left(\frac{A-2B}{\nu/Q}\right)\left(\frac{A-B}{\nu/Q}\right)\rho_{00} \tag{6.30}$$

O valor para três fotões é

$$\rho_{33} = \left(\frac{A-3B}{\nu/Q}\right)\rho_{22}$$

$$\rho_{33} = \left(\frac{A-3B}{\nu/Q}\right)\left(\frac{A-2B}{\nu/Q}\right)\left(\frac{A-B}{\nu/Q}\right)\rho_{00} \tag{6.31}$$

e assim por diante

Por indução, a probabilidade de n fotões

$$\rho_{nn} = \left(\frac{A-nB}{\nu/Q}\right).\left(\frac{A-(n-1)B}{\nu/Q}\right).\left(\frac{A-(n-2)B}{\nu/Q}\right)..........\left(\frac{A-[n-(n-1)]B}{\nu/Q}\right)\rho_{00}$$

Isto é

$$\rho_{nn} = \rho_{00}\prod_{K=1}^{n}\left(\frac{A-nB}{\nu/Q}\right) \tag{6.32}$$

Na medida em que a probabilidade é conservada,

Temos $\sum_{n=0}^{\alpha}\rho_{nn} = 1$

$$\Rightarrow \rho_{00} + \rho_{11} + \rho_{22} + \rho_{33} + \rho_{44} + ............. = 1$$

$$\Rightarrow \rho_{00} + \sum_{n=1}^{\alpha}\prod_{K=1}^{n}\left(\frac{A-kB}{\nu/Q}\right) = 1$$

Isto dá

$$\rho_{00} = 1 - \sum_{n=1}^{\alpha}\prod_{K=1}^{n}\left(\frac{A-kB}{\nu/Q}\right)$$

$$\text{ou } \rho_{00} = \left[1 + \sum_{n=1}^{\alpha} \prod_{K=1}^{n} \left(\frac{A - kB}{\nu/Q}\right)\right]^{-1} \quad (6.33)$$

Assim, $\rho_{00}$ é apenas um número que serve como constante de normalização. Chamando-lhe $N_p$ , temos

$$\rho_{nn} = N_p \prod_{K=1}^{n} \left(\frac{A - kB}{\nu/Q}\right) \tag{6.34}$$

Da equação (6.34) pode considerar-se que $\rho_{nn}$ em função de n.

A partir da equação (6.34) obtém-se $\rho_{nn}$ em três condições diferentes, como indicado abaixo

a) **Acima do limiar ,** $A \rangle \nu/Q$

Em estado estacionário, o ganho é igual às perdas, de modo que $A - B\overline{n}_{ss} = \nu/Q$ onde é o número médio de fotões em estado estacionário dado por

$$\overline{n}_{ss} = \frac{A - \nu/Q}{B} \tag{6.35}$$

Para $n\langle\langle \overline{n}_{ss}$ , $Bn\langle\langle 1$ e depois $\rho_{nn} \approx (AQ/\nu)^n$ uma função crescente de n. Para n grande, a fração $A - Bk/\nu/Q$ na equação (6.34) aproxima-se da unidade à medida que k se aproxima de $\overline{n}_{ss}$ e depois torna-se mais pequena à medida que k aumenta para além de $\overline{n}_{ss}$ . Vemos que para $n = \overline{n}_{ss}$ a curva de $\rho_{nn}$ versus n "atinge o topo" e que para n grande $\rho_{nn}$ cai para zero. O comportamento é mostrado pela linha tracejada na Fig (6.2). Note-se que $\rho_{nn}$ tem um pico aproximadamente em $\overline{n}_{ss}$ . Isto é muito diferente de uma distribuição térmica, que tem um número de fotões mais provável igual a zero, como a linha sólida da Fig. 6.2.

**b) No limiar** $A = \nu/Q$ ,

A fração $\frac{A-Bk}{v/Q}=1-\frac{B}{A}k\Big/\frac{v/Q}{A}=1-\frac{B}{A}k$ é menos unitária do que para todos os $k\rangle 0$ .

Assim, a maior probabilidade de número de fotões é e as outras diminuem monotonicamente, como mostra a linha tracejada da Fig. (6.2).

**c) Abaixo do limiar** $A\langle v/Q$

A fração $\frac{A-Bk}{v/Q}=\frac{AQ}{v}-\frac{QBk}{v}=\frac{AQ}{v}$ ,para a qual $\rho_{nn}$ tem o valor exponencialmente decrescente $(AQ/v)^n$ ,como mostra o gráfico de linhas sólidas da Fig (6.2).

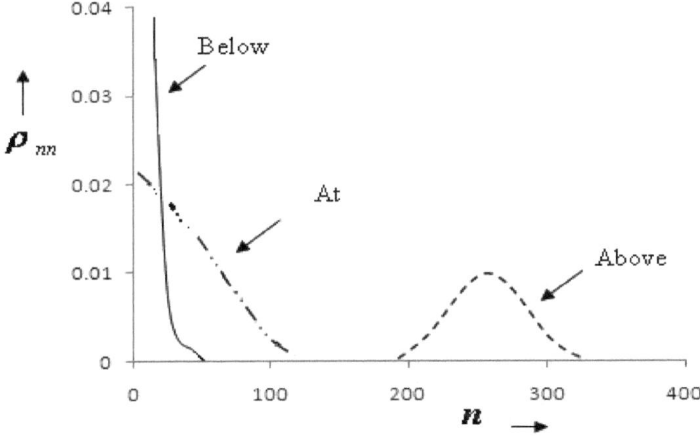


**Fig. 6.2: Gráfico da solução de estado estacionário da equação (6.34) (Para três níveis de excitação)**

Há uma dificuldade com a expressão (6.34) para $\rho_{nn}$ quando o índice k se torna maior que $A/B$ , pois então $\rho_{nn}$ passa a ser alternadamente positivo e negativo à medida que n aumenta. O problema resulta da utilização da aproximação de quarta ordem (6.19) à equação do sinal forte (6.18). Para resolver este problema e determinar as estatísticas dos fotões da operação de sinal forte, aplicamos o princípio do equilíbrio detalhado à equação (6.18). Isto dá a distribuição,

$$\rho_{nn} = N_s^{-1}\left[\frac{A^2}{B\nu/Q}\right]^{n+A/B} \Bigg/ \left[n+\frac{A}{B}\right]! \quad (6.36)$$

O número médio de fotões para esta distribuição é

$$\bar{n}_{ss} = \frac{A}{\nu/Q}\frac{A-(\nu/Q)}{B} \quad (6.37)$$

A estatística da distribuição do sinal forte (6.36) é comparada com a de Poisson para a luz num estado coerente$|a\rangle$ na Fig (6.3).

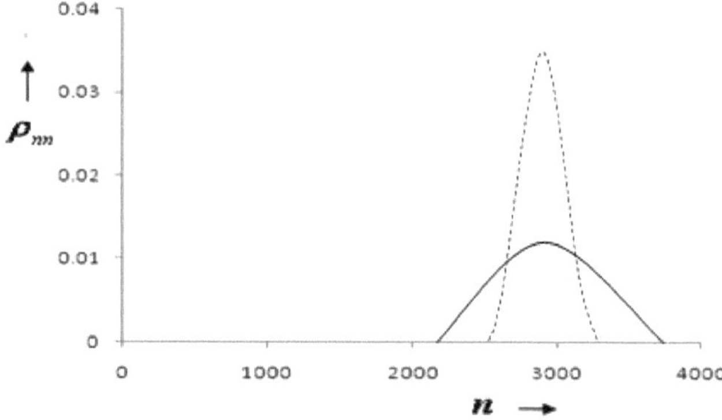


**Fig. 6.3 Gráfico das probabilidades do número de fotões em função do número de fotões para um laser 20% acima do limiar do laser, segundo a equação (6.34)**

A operação considerada é apenas 20% acima do limiar, e a distribuição do laser é substancialmente mais ampla do que a coerente. No entanto, para uma excitação elevada ( $A\rangle\rangle\nu/Q$ ,) o número médio de fotões

$$\langle n\rangle \to \frac{A^2}{B(\nu/Q)} \quad (6.38)$$

e o número de fotões na vizinhança de$\langle n\rangle$ excede $A/B$ pela (grande) razão $AQ/\nu$ . Assim, (6.36) aproxima-se do valor

$$\rho_{nn} = \frac{N_s^{-1}\langle n\rangle^n}{n!} = \frac{e^{-\langle n\rangle}\langle n\rangle^n}{n!} \tag{6.39}$$

Ou seja, as estatísticas aproximam-se das de um estado coerente. As estatísticas do laser aqui apresentadas não são as medidas diretamente por um fotodetector.

Podemos concluir esta secção com uma discussão sobre a formação de laser a partir da flutuação do vácuo. Como foi determinado em relação à Equação (6.19), a equação quântica tem as fontes de emissão espontânea para a formação na ausência de radiação inicial. Podemos integrar um conjunto de $\dot{\rho}_{nn}$ equações (6.19) adequadamente truncadas para grandes valores de n para um número médio de fotões 267. Os grandes números podem ser tratados pelo método da matriz de densidade ou pelo método de Fokker Planck. Uma vantagem do método da matriz de densidade é que uma excitação grande pode ser tratada com a versão de sinal forte dada pela equação (6.18).

### 6.4 Largura da linha laser:

Os elementos diagonais de $\rho_{nn}$ do operador de densidade atingem um valor de estado estacionário não nulo, dado por (6.34)

$$\rho_{nn} = N_p \prod_{K=1}^{n}\left(\frac{A-kB}{\nu/Q}\right)$$

Vemos nesta secção que, em contrapartida, os elementos fora da diagonal $\rho_{n,n+1}$ decaem para zero. Na medida em que este elemento determina o conjunto, a média do campo elétrico de acordo com a equação (6.40) dada a seguir

$$\langle E(t)\rangle = \frac{1}{2}E\sum_n \rho_{n,n+1}(t)\sqrt{n+1}\exp(-i\nu t) + c.c \tag{6.40}$$

O decaimento dos elementos fora da diagonal implica um decaimento simultâneo do campo, produzindo assim a largura da linha laser[53,120]. Nesta secção, consideramos as equações de movimento para os elementos fora da diagonal $\rho_{n,n+1}(t)$ , deduzimos a largura da linha laser e interpretamos os resultados. Para simplificar, escrevemos a equação de movimento para a matriz de densidade $\rho_{nm}$ (6.17), como

$$\dot{\rho}_{nm} = -\left(\frac{N_{nm'}A}{1+N_{nm}B/A}\right)\rho_{nm} + \left(\frac{\sqrt{nm}A}{1+N_{n-1,m-1}B/A}\right)\rho_{n-1,m-1}$$

$$-\frac{1}{2}\frac{\nu}{Q}(n+m)\rho_{nm} + \frac{\nu}{Q}[(n+1)(m+1)]^{\frac{1}{2}}\rho_{n+1,m+1}$$

Em que, como dado pelas equações (6.13), (6.14), (6.15) e (6.16)

O coeficiente de ganho linear

$$A = 2r_a\left(\frac{g}{\gamma}\right)^2$$

O coeficiente de auto-saturação

$$B = 4\left(\frac{g}{\gamma}\right)^2 A$$

E o fator de dimensão

$$N_{nm'}' = \frac{1}{2}(n+1+m+1) + \frac{\frac{1}{8}(n-m)^2 B}{A}$$

$$N_{nm} = \frac{1}{2}(n+1+m+1) + \frac{\frac{1}{16}(n-m)^2 B}{A}$$

Para simplificar, escrevemos

$$\frac{1}{1+N_{nm}B/A} = (1+N_{nm}B/A)^{-1} \approx 1 - N_{nm}B/A$$

$$\dot{\rho}_{nm} = -\left(N_{nm'}A\{1-N_{nm}B/A\}\right)\rho_{nm} + \left(\sqrt{nm}A\{1-N_{n-1,m-1}B/A\}\right)\rho_{n-1,m-1}$$

$$-\frac{1}{2}\frac{\nu}{Q}(n+m)\rho_{nm} + \frac{\nu}{Q}[(n+1)(m+1)]^{\frac{1}{2}}\rho_{n+1,m+1}$$

Substituindo o valor de $N_{nm'}$ , $N_{nm}$ e substituindo m por n+1,

$$\dot{\rho}_{n,n+1} = -\left\{\frac{1}{2}(n+1+n+1+1)A + \frac{1}{8}B\right\}\left\{1 - [\frac{1}{2}(n+1+n+1+1]\frac{B}{A} + \frac{1}{16}\frac{B^2}{A^2}\right\}\rho_{n,n+1}$$

$$+\left[\{n(n+1)\}^{\frac{1}{2}}A\left\{1 - N_{n-1,n}\frac{B}{A}\right\}\right]\rho_{n-1,n}$$

$$-\frac{1}{2}\frac{\nu}{Q}(2n+1)\rho_{n,n+1} + \frac{\nu}{Q}[(n+1)(n+2)]^{\frac{1}{2}}\rho_{n+1,n+2}$$

$$= -\left[ \{\frac{1}{2}(2n+3)A + \frac{1}{8}B\}[1 - \{\frac{1}{2}(2n+3)\frac{B}{A} + \frac{1}{16}\frac{B^2}{A^2}\}] \right]\rho_{n,n+1}$$

$$+ \left[ \{n(n+1)\}^{\frac{1}{2}} A\left\{1 - [\frac{1}{2}(n+1+n-1+1)\frac{B}{A} + \frac{1}{16}\frac{B^2}{A^2}]\right\} \right]\rho_{n-1,n}$$

$$- \frac{1}{2}\frac{\nu}{Q}(n+\frac{1}{2})\rho_{n,n+1} + \frac{\nu}{Q}[(n+1)(n+2)]^{\frac{1}{2}}\rho_{n+1,n+2}$$

$$= -\left[ \{(n+\frac{3}{2})A + \frac{1}{8}B\}[1 - \{(n+\frac{3}{2})\frac{B}{A} - \frac{1}{16}\frac{B^2}{A^2}\}] \right]\rho_{n,n+1}$$

$$+ \left[ \{n(n+1)\}^{\frac{1}{2}} A\left\{1 - [(n+\frac{1}{2})\frac{B}{A} + \frac{1}{16}\frac{B^2}{A^2}]\right\} \right]\rho_{n-1,n}$$

$$- \frac{1}{2}\frac{\nu}{Q}(n+\frac{1}{2})\rho_{n,n+1} + \frac{\nu}{Q}[(n+1)(n+2)]^{\frac{1}{2}}\rho_{n+1,n+2}$$

$$\dot{\rho}_{n,n+1} = -\left[ \{(n+\frac{3}{2})A + (n+\frac{3}{2})(n+\frac{3}{2})B - \frac{1}{16}(n+\frac{3}{2})\frac{B^2}{A} + \frac{1}{8}B - \frac{1}{8}(n+\frac{3}{2})\frac{B^2}{A} - \frac{1}{8}\frac{1}{16}\frac{B^2}{A^2} \right]\rho_{n,n+1}$$

$$+ \left[ n(n+1)\}^{\frac{1}{2}} A - n(n+1)^{\frac{1}{2}}(n+\frac{1}{2})B - n(n+1)^{\frac{1}{2}}\frac{1}{16}\frac{B^2}{A^2} \right]\rho_{n-1,n}$$

$$- \frac{1}{2}\frac{\nu}{Q}(n+\frac{1}{2})\rho_{n,n+1} + \frac{\nu}{Q}[(n+1)(n+2)]^{\frac{1}{2}}\rho_{n+1,n+2}$$

$$\dot{\rho}_{n,n+1} = -\left[ A - (n+\frac{3}{2})B](n+\frac{3}{2}) + \frac{1}{8}B + \frac{\nu}{Q}(n+\frac{1}{2}) \right]\rho_{n,n+1}$$

$$+ [A - (n+\frac{1}{2})B][n(n+1)]^{\frac{1}{2}}\rho_{n-1,n}$$

$$+ \frac{\nu}{Q}[(n+1)(n+2)]^{\frac{1}{2}}\rho_{n+1,n+2} \qquad (6.41)$$

Se o laser estiver muito acima do limiar, esperamos que $\rho_{n,n+1}(t)$ se assemelhe à solução diagonal (6.34) com a inclusão de um decaimento exponencial. Assim, tentamos uma solução da forma

$$\rho_{n,n+1} = N_1 \left( \prod_{l=1}^{n} \frac{A - lB}{\nu/Q} \prod_{m=1}^{n+1} \frac{A - mB}{\nu/Q} \right)^{1/2} \exp(-\mu_1 t) \qquad (6.42)$$

Onde $N_1$ é uma constante determinada pelas condições iniciais e $\mu_1$ é o parâmetro de decaimento que desejamos encontrar com (6.42), os elementos $\rho_{n-1,n}$ $\rho_{n+1,n+2}$ são dados para uma boa aproximação como . $n\rangle\rangle 1$

Nós temos,

$$\rho_{n,n+1} = N_1\left(\prod_{l=1}^{n}\frac{A-lB}{\nu/Q}\prod_{m=1}^{n+1}\frac{A-mB}{\nu/Q}\right)^{1/2}\exp(-\mu_1 t)$$

$$\rho_{n-1,n} = N_1\left(\prod_{l=1}^{n-1}\frac{A-lB}{\nu/Q}\prod_{m=1}^{n}\frac{A-mB}{\nu/Q}\right)^{1/2}\exp(-\mu_1 t)$$

$$\frac{\rho_{n-1,n}}{\rho_{n,n+1}} = \frac{N_1\left(\prod_{l=1}^{n-1}\frac{A-lB}{\nu/Q}\prod_{m=1}^{n}\frac{A-mB}{\nu/Q}\right)^{1/2}\exp(-\mu_1 t)}{N_1\left(\prod_{l=1}^{n}\frac{A-lB}{\nu/Q}\prod_{m=1}^{n+1}\frac{A-mB}{\nu/Q}\right)^{1/2}\exp(-\mu_1 t)}$$

$$= \frac{\left(\frac{A-Bn}{\nu/Q}\right)^{1/2}}{\left(\frac{A-Bn}{\nu/Q}\right)^{1/2}\left(\frac{A-B(n+1)}{\nu/Q}\right)^{1/2}\left(\frac{A-Bn}{\nu/Q}\right)^{1/2}}$$

$$= \frac{1}{\left(\frac{A-B(n+1)}{\nu/Q}\right)^{1/2}\left(\frac{A-Bn}{\nu/Q}\right)^{1/2}}$$

$$= \left(\frac{A-B(n+1)}{\nu/Q}\right)^{-1/2}\left(\frac{A-Bn}{\nu/Q}\right)^{-1/2}$$

$$= \frac{\{A-B(n+1)(A-Bn)\}^{-1/2}}{(\nu/Q)^{-1}}$$

$$\rho_{n-1,n} = \frac{\nu}{Q}[A-B(n+1)\}(A-Bn)]^{-1/2}\rho_{n,n+1}$$

$$= \frac{\nu}{Q}\{A-B(n+\frac{1}{2})\}^{-1}[1+\frac{1}{8}B^2\{A-B(n+\frac{1}{2})\}^{-2}]\rho_{n,n+1} \qquad (6.43)$$

e $$\rho_{n+1,n+2} = \left\{[A-B(n+1)][A-B(n+\frac{1}{2})]\right\}^{1/2}\frac{Q}{\nu}\rho_{n,n+1}$$

$$\rho_{n+1,n+2} = \left\{[A-B(n+\frac{3}{2})][1-\frac{1}{8}B^2[A-B(n+\frac{3}{2})]^{-2}\right\}\frac{Q}{\nu}\rho_{n,n+1} \qquad (6.44)$$

Expandimos ainda a restante raiz quadrada em (6.41) como

$$[n(n+1)]^{1/2} \approx n + \frac{1}{2} - \frac{1}{8} n^{-1} \quad (6.45) \text{ e}$$

$$[(n+1)(n+2)]^{1/2} \approx n + 1 + \frac{1}{2} - \frac{1}{8}(n+1)^{-1} \quad (6.46)$$

Substituindo (6.43) (6.44) (6.45) e (6.46) em (6.41)

$$\dot{\rho}_{n,n+1} = \left\{ [A - B(n+\frac{3}{2})](n+\frac{3}{2}) - \frac{1}{8}B - \frac{\nu}{Q}(n+\frac{1}{2}) \right\} \rho_{n,n+1}$$

$$+ [A - B(n+\frac{1}{2})][n(n+1)]^{\frac{1}{2}} \rho_{n-1,n}$$

$$+ \frac{\nu}{Q}[(n+1)(n+2)]^{\frac{1}{2}} \rho_{n+1,n+2} \; \dot{\rho}_{n,n+1} = -\frac{1}{8}(\frac{A}{n+1} + \frac{\nu/Q}{n} - \frac{1}{2}\frac{B}{n+1} + \varepsilon)\rho_{n,n+1}$$

(6.47)

Para a qual a quantidade,

$$\varepsilon = \frac{B^2(n+\frac{3}{2})}{[A - B(n+\frac{3}{2})]^2} \left\{ [A - B(n+\frac{3}{2})] - \frac{\nu}{Q} \left( \frac{n+\frac{1}{2}}{n+\frac{3}{2}} \right) \left[ \frac{A - B(n+\frac{3}{2})}{A - B(n+\frac{1}{2})} \right]^2 \right\} \quad (6.48)$$

A distribuição (6.42) tem um pico forte em torno do número médio de fotões em estado estacionário $\bar{n}_{ss}$ de (6.35) com uma largura de $\left( \frac{\nu}{Q} B \right)^{1/2}$. Assim, consideramos que a magnitude das chavetas em (6.48) é aproximadamente igual a $B(\frac{\nu}{Q}B)^{1/2}$. Isto dá

$$|\varepsilon| \approx \frac{[(\nu/Q)B]^{1/2}}{\bar{n}_{ss}} \left( \frac{B\bar{n}_{ss}}{\nu/Q} \right)^2 \langle \frac{[(\nu/Q)B]^{1/2}}{\bar{n}_{ss}} \langle\langle \frac{\nu/Q}{\bar{n}_{ss}} \quad (6.49)$$

Deixando cair tanto $\varepsilon$ como B ainda mais pequeno em (6.47) e definindo o lembrete n's igual ao número médio $\bar{n}_{ss}$ ,encontramos

$$\dot{\rho}_{n,n+1}(t) = -\frac{1}{2} D\rho_{n,n+1}(t) \tag{6.50}$$

Em que a constante de decaimento

$$D = \frac{1}{4}\frac{A+\nu/Q}{\bar{n}_{ss}} \approx \frac{\frac{1}{2}A}{\bar{n}_{ss}} \tag{6.51}$$

Substituindo o integral (6.50) por (6.40), obtém-se o campo elétrico médio do conjunto

$$\langle E(t)\rangle = \langle E(0)\rangle \cos\nu t.\exp(-\frac{1}{2}Dt) \tag{6.52}$$

A transformada de Fourier de (6.52) dá

$$\langle E(\omega)\rangle = \int_{-\infty}^{\infty} dt \exp(-i\omega t)\langle E(0)\rangle \cos\nu t.\exp(-\frac{1}{2}Dt)$$

$$= 2\int_{-\infty}^{\infty} (\cos\omega t - i\sin\omega t)\langle E(0)\rangle \cos\nu t.\exp(-\frac{1}{2}Dt)dt$$

$$= 2\int_{-\infty}^{\infty} (\cos\omega t - i\sin\omega t)\langle E(0)\rangle \cos\nu t.\exp(-\frac{1}{2}Dt)dt$$

$$= 2\langle E(0)\rangle \int_{-\infty}^{\infty} (\cos\omega t\cos\nu t. - i\sin\omega t\cos\nu t.)\exp(-\frac{1}{2}Dt)dt$$

$$= 2\langle E(0)\rangle \left[\int_{0}^{\infty} (\cos\omega t\cos\nu t \exp(-\frac{1}{2}Dt)dt - i\int_{0}^{\infty} \sin\omega t\cos\nu t \exp(-\frac{1}{2}Dt)dt\right]$$

$$= \langle E(0)\rangle \int_{0}^{\infty} \{\cos(\omega+\nu)t + \cos(\omega-\nu)t\}\exp(-\frac{1}{2}Dt)dt$$

$$-i\int_{0}^{\infty} \{\sin(\omega+\nu) - \sin(\omega-\nu)\}\exp(-\frac{1}{2}Dt)dt$$

Fazendo a integração da equação acima e utilizando a aproximação da onda rotativa, obtemos

$$|\langle E(\omega)\rangle|^2 = \left|\int_{-\infty}^{\infty} dt \exp(-i\omega t)\langle E(0)\rangle \cos\nu t.\exp(-\frac{1}{2}Dt)\right|^2$$

$$|E(\omega)|^2 = \langle E(0)\rangle^2 \left[ \frac{1}{(\omega-\nu)^2 + \left(\frac{1}{2}D\right)^2} \right] \tag{6.53}$$

Trata-se de uma Lorentziana com a largura de linha (largura total a meio máximo) de D dada por (6.51), como mostra a Fig. (6.4)

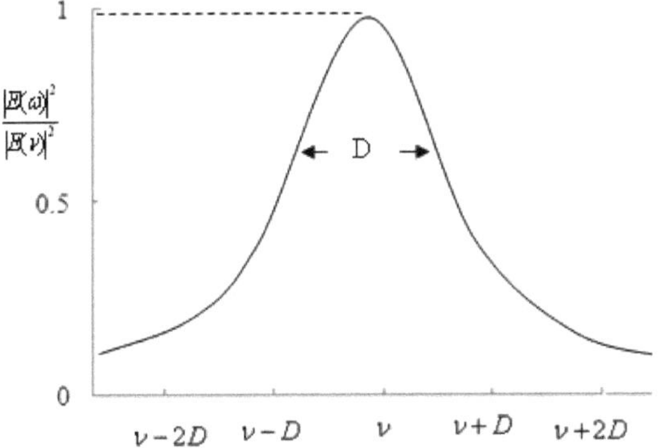


**Fig. 6.4: Espectro de frequência normalizado**

Como acontece com todos os osciladores sustentados, a amplitude do campo é construída para flutuar em torno do seu valor de estado estacionário, mas a fase pode flutuar livremente. Assim, o decaimento da média do conjunto é devido a uma difusão na fase (com uma difusão co-eficiente D), resultando numa soma vetorial decrescente. Em alternativa, o campo torna-se não correlacionado com o seu valor num momento anterior. É uma caraterística essencial do modelo que, mesmo para um caso inicial puro, a "abertura" do sistema (por exemplo, devido à emissão espontânea) leva a uma mistura ao longo do tempo. Uma situação análoga é encontrada no ferromagnetismo, onde a magnetização de um sistema aberto sofre o mesmo tipo de decaimento. Medido em termos do tempo de vida atómico e da cavidade, o decaimento de $\langle E(t)\rangle$ é também muito lento. Em qualquer situação prática, a largura de linha do laser é limitada, em parte, por vibrações mecânicas e, noutras situações, por flutuações quânticas, o que conduz à expressão (6.51).

A largura da linha (ou largura da linha) de um laser, normalmente um laser de frequência única, é a largura (normalmente a largura total a meio-máximo, FWHM) do seu espetro ótico. Mais precisamente, é a largura da densidade espetral de potência do campo elétrico emitido em termos de frequência, número de onda ou comprimento de onda.

A largura de linha de um laser está fortemente (mas não trivialmente) relacionada com a coerência temporal, caracterizada pelo tempo de coerência ou pelo comprimento de coerência. Uma largura de linha finita resulta do ruído de fase se a fase sofrer desvios ilimitados, como é o caso dos osciladores de funcionamento livre. (As flutuações de fase que se restringem a um pequeno intervalo de valores de fase conduzem a uma largura de linha nula e a algumas bandas laterais de ruído). Os desvios do comprimento do ressoador (por exemplo, relacionados com o ruído 1 / f) podem contribuir ainda mais para a largura de linha e torná-la dependente do tempo de medição. Isto mostra que a largura de linha por si só, ou mesmo a largura de linha complementada com uma forma espetral (forma de linha), não fornece, de longe, informações completas sobre a pureza espetral da luz laser. (Este é particularmente o caso dos lasers com ruído de fase de baixa frequência dominante). São necessários mais dados para especificações completas de ruído.

**6.5 Teoria da medição e efeito Zeno quântico:**

Na secção anterior, trabalhámos em pormenor as equações que envolvem a teoria quântica do laser e a largura da linha laser, que envolvem a estatística dos fotões e a teoria da medição. Nesta secção, abordamos a teoria quântica do laser, a medição e o efeito Zeno quântico.

A teoria da medição está ainda menos desenvolvida para a eletrodinâmica quântica, embora Bohr e Roshenfeld tenham analisado os problemas da medição na mecânica quântica não relativista. No entanto, no caso particular de um único modo de cavidade de Q elevado, parece possível considerar a analogia entre um oscilador de radiação e um oscilador mecânico tão próxima que os problemas de medição se tornam equivalentes. A nossa discussão sobre a medição do campo laser baseia-se neste pressuposto.

O termo mais conhecido sobre a radiação no tempo t=0 é a sua função de onda, digamos $\psi(E,0)$ , na representação da "coordenada" do campo elétrico. Sob a orientação de um Hamiltoniano definido, esta função de onda evolui para $\psi(E,t)$ no tempo t. Qualquer operador hermitiano $O(E,-i\hbar\partial/\partial E)$ pode ser "medido". Cada medição dá como resultado um dos valores próprios $O_n$ do operador $O$ . A probabilidade de encontrar um determinado valor $O_n$ quando uma série de medições é efectuada num conjunto de sistemas preparados de forma semelhante é

$$W_n = \left| \int_{-\infty}^{\infty} dE \phi_n(E)^* \psi(E,t) \right|^2 \quad (6.54)$$

quando $\phi_n$ é a função própria para o valor próprio $O_n$ . As medições aqui em discussão são as melhores permitidas. Se bem efectuada, uma medição perturba de tal forma o sistema de interesse que é inútil pensar em qualquer medição subsequente de qualquer outro operador. O caso puro tornar-se-á uma mistura sem esperança, mesmo que o sistema não seja fisicamente destruído. Na maior parte da investigação física, a medição nesta forma extrema não é uma preocupação. Certas experiências de dispersão são por vezes chamadas medições, mas não representam medições de um operador hermitiano no sentido estrito, pelo que preferimos chamar-lhes observações ou más medições. Por vezes, sobretudo quando se estuda um sistema quase clássico, tenta-se seguir a evolução do tempo entre t=0 e t=t fazendo uma série de observações. Na nossa opinião, não existe atualmente uma teoria satisfatória para estas más medições. Reconhecemos a possibilidade de "observar" o movimento de um pêndulo num relógio. De forma semelhante, pelo menos em princípio, as oscilações temporais do campo elétrico intenso e altamente clássico de um laser poderiam ser seguidas através do registo, numa película em movimento, da deflexão de um fluxo de electrões de alta velocidade enviados através de um feixe laser estreito.

Campo elétrico médio do conjunto dado pela equação (6.52)

$$\langle E(t) \rangle = \langle E(0) \rangle \cos \nu t . \exp(-\frac{1}{2} Dt)$$

revela que a média de E(t) é uma função oscilatória amortecida do tempo. Uma sonda de feixe de electrões de qualquer laser de onda contínua não mostraria tal amortecimento, mas apenas uma ligeira irregularidade de fase. A média de muitos registos de filmes semelhantes, no entanto, revelaria o fenómeno de amortecimento.

### 6.5.1 Estatísticas de fotoelectrões para o campo laser:

Em princípio, de acordo com a teoria quântica de medição assumida, a quantidade total de energia na cavidade ótica monomodo poderia ser medida, uma vez que esta é representada pelo operador Hermitiano-Hamiltoniano. O resultado dessa medição seria um múltiplo inteiro de n de $\hbar\nu$ , para além da energia de ponto zero

$\frac{1}{2}\hbar\nu$ . Cada vez que a medição fosse repetida num sistema semelhante preparado, o valor de n poderia mudar. A distribuição estatística dos valores de n após muitas medições seria dada pelos elementos da diagonal $\rho_{nn}$ da matriz de densidade.

Na prática, porém, não seria fácil determinar $\rho_{nn}$ desta forma, pelo que se poderia contar o número de fotoelectrões emitidos num determinado intervalo de tempo. Nas observações habituais, a contagem dos fotoelectrões é feita com um detetor situado fora da cavidade do laser, e a relação do resultado com $\rho_{nn}$ é ainda mais complicada pela difração da radiação que escapa da cavidade do laser. Não seria muito prático, mas seria mais simples em princípio, colocar a superfície fotoeléctrica no interior da cavidade do laser. Mesmo neste caso, a estatística da contagem de fotoelectrões daria uma imagem algo desfocada da distribuição estatística dos fotões $\rho_{nn}$ . Nesta secção, consideramos este efeito de desfocagem em termos de $\rho_m$ , a probabilidade de ejeção de m fotoelectrões para um detetor com eficiência quântica (uma eficiência quântica unitária dá $P_m = \rho_{mm}$ ). Vale a pena notar aqui que a situação não é mais do que a manifestação do efeito Zeno quântico, tal como sugerido por trabalhadores posteriores.

A probabilidade de obter uma contagem é $P_m$ no intervalo de tempo total [0.T] N medições com espaçamento igual num período de tempo (0, T). Se $\tau$ é o intervalo de tempo entre duas medições, então $T = N\tau$ . Suponhamos que as medições são efectuadas nos tempos T/N, 2T/N... (N-1)T/N e que T é instantâneo. Assim, a probabilidade de obter uma contagem é $P_m$ após N medições pode ser escrita como (como mostra a equação 3.15)

$$P^N(T) = [P(\tau)]^N = (1 - \frac{T^2}{N^2\tau^2})^N.$$

No limite das medições contínuas

$$Lt_{N\to\infty} P^N(T) = Lt_{N\to\infty}\left(1 - \frac{T^2}{N^2\tau^2}\right)^N = 1$$

Assim, a probabilidade de o estado sobreviver durante um tempo T passa para 1 no limite em que N passa para infinito. Isto significa que as medições contínuas impedem efetivamente que o sistema evolua, o que é designado por efeito Zeno quântico. O cálculo pormenorizado do efeito Zeno quântico é apresentado no capítulo 3. Temos uma analogia com o pêndulo para explicar o comportamento do esquema oscilatório Λ e V descrito no capítulo 4. Este modelo indica como um esquema Λ passa a esquema V e vice-versa. O esquema de três níveis nunca atinge o esquema de dois níveis devido à inibição produzida pela interferência quântica. Este é um dos exemplos do paradoxo de Zeno em que a teoria da medição deve ser útil.

Lamb [126] utilizou a medição da posição para estudar o efeito Zeno quântico em analogia com a ideia de Heisenberg de que a medição exacta da posição conduz a grandes incertezas no momento. Várias questões relativas ao efeito Zeno quântico: quais são os aspectos fundamentais da teoria quântica que dão origem ao efeito? Em que medida é que o efeito é genuíno? Qual é a relação entre os efeitos? Ocorre na realidade? etc - todas estas questões relativas ao efeito podem ser abordadas pela Teoria da Medição Quântica. Mas Peres [77] nega a existência de tal teoria, afirmando que não pode haver teoria da medição quântica, apenas mecânica quântica. De acordo com ele, a medição não é uma noção primitiva, é um processo físico que envolve matéria comum e está sujeito a leis físicas comuns. No entanto, o facto concreto é que uma aplicação direta do formalismo quântico a situações de medição não conduzirá, no caso geral, a resultados de medição únicos. [175]. Parece que é necessário utilizar algumas caraterísticas adicionais. Nesta secção da tese, discutimos algumas abordagens à teoria da medição quântica e a sua aplicação ao Efeito Zeno Quântico, embora a nossa discussão seja provisória por natureza. O efeito é relatado em trabalhos recentes de Lamb [126, 173]. As medições são analisadas como procedimentos operacionais que definem os observáveis da teoria e como processos físicos que estão sujeitos às leis da física. A física clássica permite a realização de medições com o objetivo de determinar os valores de um ou vários observáveis do sistema físico em consideração. A física clássica permitiu a noção idealizada de que cada quantidade física tem um valor definido em qualquer momento e que esse valor pode ser determinado com certeza por medição sem influenciar o sistema objeto de forma significativa. Em contrapartida, na mecânica quântica, ambas as caraterísticas não se verificam sem fortes reservas. Assim, Einstein, Podolsky e Rosen[176] utilizaram elementos desta descrição como um critério suficiente de realidade física, aplicável tanto à mecânica clássica como à mecânica quântica: "Se, sem perturbar de modo algum um sistema, pudermos prever com certeza (ou seja, com probabilidade igual à unidade) o valor de uma quantidade física, então existe um elemento de realidade física correspondente a essa quantidade física." Desde o início da mecânica quântica, o processo de medição tem sido uma questão fundamental. A principal caraterística da medição quântica é o facto de a medição alterar a evolução dinâmica. Esta é a principal diferença da medição quântica em relação à sua análoga clássica. O objetivo da teoria da medição quântica é aplicar as leis da teoria quântica ao sistema quântico conjunto composto pelo sistema-alvo de interesse e pelo aparelho de medição.

O procedimento habitual para obter a distribuição das contagens fotográficas $P_m$ divide o tempo $\tau$ de observação em vários pequenos intervalos de tempo. Em cada um deles, é efectuado um cálculo mecânico quântico na teoria das perturbações de baixa ordem para determinar a probabilidade de obter uma contagem. O cálculo é então completado por argumentos probabilísticos clássicos para o número de contagens observadas num grande intervalo de tempo T. Este tipo de análise "olha" para o sistema no final de cada um dos pequenos intervalos de tempo, ou seja, uma vez que as experiências habituais são tão complicadas e microscopicamente perturbadoras, parece razoável assumir que cada contagem é equivalente a "olhar" para o sistema. Como é sabido, ao olharmos para um sistema destruímos a sua função de onda, por exemplo, quando traçamos as coordenadas do laser, produzimos uma mistura estatística. Daí que se possa perguntar: "Será que o procedimento de olhar para cada contagem dá as mesmas distribuições de contagem que seriam observadas se o sistema não fosse interrompido até que um grande número de contagens potenciais se tivesse acumulado"?

Este último problema foi tratado por Scully e Lamb (1969) de uma forma totalmente mecânica quântica, ao passo que o primeiro requer a utilização da teoria clássica das probabilidades. O principal resultado do tratamento quântico é a distribuição da contagem de fotoelectrões

$$P_m = \sum_{n=m}^{\infty} \binom{n}{m} \eta^m (1-\eta)^{n-m} \rho_{nn} \tag{6.55}$$

Podemos entender esta equação da seguinte forma: considere-se um estado do campo com apenas um fotão $|1\rangle$ . Seja a probabilidade de ter um fotoeletrão ejectado de um detetor que interage com este campo durante um certo tempo dada por $\eta$ . Ora, se o estado do campo de radiação é $|n\rangle$ , a probabilidade de observar m fotoelectrões deve ser proporcional a $\eta^m$

$$P_m^{(n)}(n)\,\alpha\,\eta^m \tag{6.56}$$

Este valor deve ser multiplicado pela probabilidade de não terem sido observados n-m quanta, ou seja $(1-\eta)^{n-m}$

$$P_m^{(n)}(n)\,\alpha\,\eta^m(1-\eta)^{n-m} \tag{6.57}$$

Mas, como é óbvio, não sabemos que m fotões dos n originais foram observados, pelo que temos de incluir um fator combinatório

$$P_m^{(n)}=\begin{pmatrix} n \\ m \end{pmatrix}\eta^m(1-\eta)^{n-m} \tag{6.58}$$

Esta é a distribuição de Bernoulli para m acontecimentos (contagens) bem sucedidos e n-m fracassos, tendo cada acontecimento uma probabilidade $\eta$ . Agora, se tivermos uma distribuição de n valores, temos de multiplicar (6.58) por $\rho_{nn}$ e somar n;

$$P_m=\sum_n P_m^{(n)}\rho_{nn} \tag{6.59}$$

Obtém-se assim (6.55)

Como consequência direta do modelo, a equação (6.55) não só contém o limite $\eta$ pequeno( $\eta\langle\langle 1$ ), como também é válida para todos os $\eta$ $(0\langle\langle\eta\langle\langle 1)$ . É evidente que, se quisermos obter a estatística dos fotões através da contagem de fotoelectrões, temos de exigir $\eta=1$ ,para o que temos de ver em (6.55)

$$P_m=\rho_{nn} \tag{6.60}$$

Em todos os outros casos $\eta\langle 1$ estamos a medir as estatísticas dos fotoelectrões, que em geral podem ser muito diferentes.

### 6.5.2 Distribuição da contagem de fotoelectrões na expansão do estado coerente:

Para a descrição da radiação laser, expressamos o operador de densidade em termos da representação P, que é dada por $\rho = \int d^2 a P(a) |a\rangle\langle a|$ (6.61)

Em que a integração se estende sobre o plano complexo. Em particular, este valor implica que o campo é descrito por um estado coerente. $|a_0\rangle$ . A probabilidade de encontrar n fotões num estado coerente é dada por

$$P_n(a) = |\langle n|a\rangle|^2 = \frac{(a^* a)^n}{n!} \exp(-a^* a) \qquad (6.62)$$

Esta é a distribuição de Poisson com número médio . $\langle n\rangle = a^* a$

Em mecânica quântica, um estado **coerente** é um tipo específico de estado quântico, aplicável ao oscilador harmónico quântico, ao campo eletromagnético, etc. O estado coerente é um estado que produz um valor de expetativa de desaparecimento para o campo. É dado por uma sobreposição adequada de estados próprios de energia. Para um sistema de dois níveis, é necessária uma sobreposição de pelo menos dois estados próprios de energia para obter uma distribuição de probabilidade oscilante.

A partir das equações (6.61) e (6.62), $\rho_{nn}$ pode ser escrito como

$$\rho_{nn} = \int d^2 a P(a) \frac{(a^* a)^n}{n!} \exp(-a^* a) \qquad (6.63)$$

Utilizando as equações (6.59), (6.61) e (6.62), procedemos do seguinte modo

$$P_m = \sum_n P_m^{(n)} \rho_{nn}$$

$$P_m = \sum_n \binom{n}{m} \eta^m (1-\eta)^{n-m} \int d^2 a P(a) \frac{(a^* a)^n}{n!} \exp(-a^* a)$$

Onde $P_m^{(n)} = \binom{n}{m} \eta^m (1-\eta)^{n-m}$ e utilizando a expansão binomial

$(x+a)n = \sum_{k=0}^{n} \binom{n}{k} x^k a^{n-k}$ , a equação pode ser escrita como

$$P_m = \int d^2 a P(a) \left[ \frac{(a^* a\eta)^m}{m!} \right] \exp(-a^* a\eta) \qquad (6.64)$$

Tanto a equação (6.55) como a (6.64) estão de acordo com o resultado do tratamento habitual. A equação (6.55) é mais para a formulação da distribuição estatística na representação n.

A distribuição da contagem de fotos para um laser totalmente quantizado é obtida a partir das equações (6.36) e (6.55)

$$P_m = \sum_{n=m}^{\infty} \binom{n}{m} \eta^m (1-\eta)^{n-m} N_s^{-1} \frac{\left[ \frac{A^2}{B\nu / Q} \right]^{n+A/B}}{\left[ n + \frac{A}{B} \right]!}$$

Somando as séries obtém-se uma relação básica, ou seja

$$P_m = N_s^{-1} \eta^m \frac{\left[ \frac{A^2}{B\nu / Q} \right]^{n+A/B}}{\left[ n + \frac{A}{B} \right]!} \times {}_1F_1(1+m, m+A/B, (1-\eta)\frac{A^2}{BC} \qquad (6.65)$$

Em que ${}_1F_1$ é a função hipergeométrica confluente, A - ganho linear, B - parâmetro de saturação, , $C = \nu / Q\ \eta$ - parâmetro de deteção e $N_s^{-1}$ - fator de normalização.

O presente capítulo trata do funcionamento do laser de modo único, em que tanto os átomos como o campo obedecem às leis da mecânica quântica. As estatísticas dos fotões laser são discutidas brevemente e as equações essenciais são elaboradas. O problema básico associado à largura da linha laser é discutido. São também apresentadas as caraterísticas essenciais da teoria da medição e a sua relação com o efeito Zeno Quântico.

## Referência


1. Einstein. A,*Z Physik*,2,**18** ,121(1917)
2. Gunther, "Lasers Light Fantastic", *Playboys, fevereiro* (1968)
3. Basov N.G. e Prokhorov, A.M., *J.Expt.Th. Phys.* (USSR), **27**,431(1954)
4. Gordon J.P., Zeiger H.J e Townes C.H., Phys.Rev., **95**,282(1954)
5. Schawolw A.L. e Townes C.H., *Phy.Rev* **112**,1940(1958)
6. Maiman T.H.,*Nature* ,**187**,493(1960)
7. Basov N.G. e Prokhorov, A.M., *Soviet Phys.JETP Tradução inglesa*, **27** 431(1954) e **28** 249(1955)
8. Weber J.,*Trans IRE Electron Devices*,**3**,1(1995)
9. Fabrikan V.A., *Dissertação de Doutoramento*, Instituto de Física Immeni; Lebedev P.N., Academia das Ciências, URSS (1939).
10. Gordon.J.P., Zeiger H.J. e Townes C.H., *Phys Rev* **99**,1264(1954)
11. Collins R.J.,Nelson.D.F, Schawlow A.L.,Bond W.Gerret C.G.B. e Kaiser W. *Phys.Rev.Letters*.**5**,303(1960)
12. Sorokin P.D e Stevenson M.J ,*Phys Rev Letters*.**5**,557 (1960)
13. Javan A,Bennett Jr.,W.R.Herriot D.P.,*Phys.Rev.Letters* **6**,106(1961)
14. Jacobs S, Gould G e Rabinowitz P., *Phys.Rev*.**107**,1579(1957)
15. Bloembergen N ,Phys Rev **104** 324(1960)
16. Basov .N.G, Krokhin O.N e Popov Yu.M., produção de estados de temperatura negativa em junções p-n de semicondutores degenerados, *Soviet Phys-JETP*,**13**,1320-1321,(1961)
17. Basov .N.G,Inverted populations in semiconductors,Quantum ElectronicsIII, Columbia University Press,New York,1964(1769-1785)
18. Bernerd M. e Duraffourg G,Possibilities of lasers in semiconductors. *J.Phys Radium*,**22**,836-837(1961)
19. Hall.R.N, Fenner G.E., Kingsley.J.D., Sotleys T. J e Carlson R.O., *Phys Rev Letters* **9**,366(1962)
20. Nathan M.T. Dumke W.P.Burns.G. e Dill F.H *Applied. Phys. Letter.* 1 62 (1962)
21. Quist T.M e Zeiger H.J., *Appl. Phys. Letters.* **1**,91(1962)
22. Schilickman .J.J, e Kingston ,*Proc:IEE* **52**,1739,1740(1964)
23. Basov N.G,Vul B.M. e Popov Yu.M., *Soviet Phys JETP* ,**10**,416,(1960),37,587-
24. 588(1959)
25. Southgate P.D. *Appl. Phys. Letters*,**12**,61-63(1968)
26. Lempicki A e Samuelson H., *Phys. Letters.* **4**,133(1963)
27. Bridge W.B., *Appl.Phys.Letters* **4**,128(1964)
28. Bennett Jr W.R e Detch J.L., Appl Phys Letters 4,180(1964)
29. Patel C.K.N *Phys Rev* **136A**,1187(1964)
30. Leonard D.A. *Appl Phys Letters,* **7**,4(1965)
31. Hodgson R.T., *Phys Rev Letters.* **25**,494(1970)
32. Stevens B e Hutton E, *Nature.* **186**,,1045(1960)
33. Houtermans F.G.,Helv *Phys.Ata*.**33**,933(1960)
34. Basov N.G e Khodkevich D.D et al *JETP Letters.* **12**,1329,(1970)
35. Sorokin P.P e Lankard J.R., *IBM Journal.* **11**,148 (1967)
36. Birks J.B.,*Rep Prog.Phys* **38**,903(1975)
37. Bernerd M. e Duraffourg G, *Physics Stat Solidi* **1**,699(1961)
38. Weaver T.A. et al,*Phys Rev Letters* **54**,110(1958)
39. Suckewer S. *Phys Rev Letters* **54**,1753 (1985)
40. Suckewer S et al.*Phys. Rev.Letters.,* **57**,1004 (1986)
41. Mathwes D.L. em lasers de raios X, Actas do 3rd Colóquio Internacional sobre raios X
42. Lasers editado por Fill E.E. (Hilger, Bristol, Inglaterra, 1992) p.31
43. Fox A.G e Li T., *Bell system Tech.J.* **40**,463(1961)
44. Boyd G.D e Gordon J.P., *Bell system Tech.J.* **40**,489(1961)

45. Kogelink H e Rigord W.W., *Proc(IRE)Corres* **50**,220(1962)
46. Lamb Jr W.E *Phys. Rev.* **139**,1429(1964)
47. Scully M O e Lamb Jr W.E., *Phys. Rev.***159**,208(1967)
48. Haken H.Z.,*Physik,*181,96(1964)
49. Graham K e Haken H.Z.,*Physik*,**213**,420(1968)
50. Haken H. "*Laser Theory* "New York,Tokyo (1985)
51. Louisell W.H., *Quantum statistical properties of radiation*,John Wiley and Sons.New
52. York(1973)
53. Lamb W.E.Jr.,*Appl.Phys.B*,**66**,77(1995)
54. Gerry C. C. e. Knight P. L, *Introductory Quantum Optics*, Universidade de Cambridge
55. Press (Cambridge, 2005).
56. Loudon. R., *The Quantum Theory of Light*, Oxford University Press (Oxford, 2000).
57. Vedral V., Curso de formação: Ótica Quântica 2003/2004
58. Scully M. O. e Zubairy M. S., *Quantum Optics*, Cambridge University Press
59. (Cambridge, 1997).
60. Barnett S. M. e Radmore P. M., *Methods in Theoretical Quantum Optics*, Oxford
61. University Press (Oxford, 1997).
62. Schalow A.L.e Townes C.H., *Phy. Rev.***112**, 1940(1958)
63. Kocharovskaya.O.,*Phys Rep.* **219**, 175, (1992)
64. Scully M. O., *Phys Rep* **219**,191, (1992)
65. Mandel P *Contem Phys,* **34,** 235, (1993)
66. Padmanaandu G G,George R Welch Iva N Sabin etal *Phys Rev Lett* **76** 2053 (1996)
67. Scully M. O., *Phys Rev Lett* **55**,2820,(1985)
68. Winters M.P., Hall J.L. e Toschek P E., *Phys Rev Lett.* **65**,3116,1990
69. Zebrov.A.S,Lukin M.D.,Nikonov D.E.,e Scully M.O.*Phys.Rev.Lett.*,**75**,1499(1999)
70. Agarwal.G.S.,*Phys Rev Lett.***67**,980(1991)
71. Gheri .K., e Walls .D.,*Phys Rev Lett,* **68**,3428(1992)
72. Zhu .Y., e Lezama A., *Phys.Rev.A* **41**,1576(1990)
73. Imamoglu A., Field J. E. e Harris S. E., *Phys. Rev. Lett.* **66**, 1154(1991).
74. Kocharovskaya.O.,*Opt. Comm.,* **77** , 215 (1999)
75. Narducci, L.M. Scully M.O., *Opt. Comm.,* **81**, 379 (1999)
76. Xiang-ming, Jin-sheng Pen, *Opt. Comm.*, **154**, 205 (1998)
77. Kocharovskaya O., e Mendel O. P., *Phys. Rev.* A, **42**, 523 (1990)
78. Kocharovskaya O., Mauri F., *Opt. Comm.*, **84**, 393 (1991)
79. Agrawal G.S. *Phys Rev A* **44**,28 (1991)
80. Lee H.W., *J.Opt.Soc Am B* **2**,449(1995)
81. Sultana S. e Zubairy M.S *Phys.Rev. A,* **49**,438(1994)
82. Misra .B. e. Sudarshan .E. C. G, "The Zeno's paradox in quantum theory", *Journal*
83. *de Física Matemática*, vol. **18**, no. 4, pp.756-763, 1977.
84. Chiu C.B. e Sudarshan E.C.G, *Phys.Rev D* **16**,520(1977)
85. Peres .A., *Am.J.Phys* **48**(11),931(1980)
86. Cook R.J.e Kimble H.J.,*Phys,Lett.*54,1023(1985)
87. Cook R.J., *Phys.Scr.***T21**,49(1980)
88. Itano WM., Heinzen D.J., Bolinger J.J. e Wineland D.J. *Phys.*Rev
89. **A41**,2295(1990)
90. Weber.J. *Phys Rev* 108,537 (1957)
91. Vasilou, *"Heraclitus," A Companion to the Philosophers (R. L. Arrington, Ed).*
92. *Malden, MA: Blackwell Publishing Inc*., pp. 299-301(1999),.
93. Venugopalan A. "O *efeito zeno quântico - potes vigiados no mundo quântico"*
94. *Resonance* pp52-68(abril de 2007) .
95. Ghose, P. "*The quantum Zeno paradox," in Testing Quantum Mechanics on New*
96. *Solo. Nova Iorque, NY: Cambridge University Press*, pp. 106-115. (1999).

97. Pascazio S. e Namiki M. "*Quantum Zeno Effect as a Purely Dynamical Process,"*
98. *Anais da Academia de Ciências de Nova Iorque*, vol. 755, pp. 335-352, (1995).
99. Nakazato H., Namiki M e S. Pascazio, "Temporal behavior of quantum
100. sistemas mecânicos", *International Journal of Modern Physics B*, vol. 10, pp. 247-
101. 295, (1996).
102. Kocharovskaya O. A. e Khanin Y. I., "Coherent amplification of an ultrashort
    a. num meio de 3 níveis sem inversão de população", *Jetp Letters* **48**, 630-634
    b. (1988).
103. Harris S. E., *Physical Review Letters* **62**, 1033-1036 (1989).
104. McCall S.L., e Hahn E.L, "Self induced transparency by pulshed coherent light" (Transparência auto-induzida por luz coerente pulsada)
105. *Phys Rev Lett.***18**, 908-911(1967)
106. Feynman R.P., Leighton R.B. e Sands M., *The Feynman Lectures on Physics*,
107. Addison-Wesley Publishing Co Inc, USA, Reading Mass, **1**. (1965)
108. Imamoglu A., *Phys. Rev. Lett. A* **40,** 2835 (1989); Harris S. E. e Macklin J.J., *ibid*,
109. **40,** 4135 (1989).
110. Lu .N. *Opt. Communication.* **73**, 479(1989).
111. Lu .N e Bergou J. A., *Phys. Rev. A* **40**, 237(1989).
112. Lyras. A., Tang X., P. Lambropoulous e Zhang .J., *Phys. Rev. A* **40**, 4131(1989);
113. Basile S. e Lambropoulous P., *Opt. Commun.* **78**, 163(1990).
114. Lu .N, *Phys. Lett. A* **143**, 457(1990).
115. Agarwal G. S., Ravi S. e Cooper J., *Phys. Rev. A* **41**, 4721(1990); **41**, 4727(1990).
116. Agarwal G. S, *Phys. Rev. A* **42**, 686(1990).
117. Agarwal G. S, *Opt. Commun.* **80**, 37(1990).
118. Zhu Y., Wu Q. e Mossberg T. W., *Phys. Rev. Lett.* **65**, 1200(1990).
119. Lewenstein M., Zhu Y. e Mossberg, T. W. *Phys. Rev. Lett.* **64**, 3131(1990).
120. Zhu S. Y., *Phys. Rev. A* **42**, 5537(1990).
121. Zhu S. Y., e Fill E. E., *Phys. Rev. A* **42**, 5684(1990).
122. Narducci L. M., Doss H. M. e Ru P., Scully M.O., Zhu S. Y. e Keitel C., *Opt. Commun.***81**, 379(1991).
123. Bergou J. A. e Bogar, P. *Phys. Rev.* A **43**, 4889(1991).
124. Lu N. e Berman P. R., *Phys. Rev. Lett.* A **44**, 5965(1991).
*125.* Vehn, *Phys. Rev. Lett.* **60**, 1832(1988); Lu N., Zhao F. X. e Bergou,J. *PhysRev. A* **39,** 5189(1989); Lu N. e Zhu S. Y., *ibid*, **40**, 5735(1989);
126. Lu N. e Scully M. O., *Opt. Commun.***74**, 327(1990).
127. Mollow, B. R. *Phys. Rev. A* **5**, 2217(1972); Wu F. Y., Ezekiel S., Ducley M e
128. Mollow B. R., *Phys. Rev. Lett.* **38,** 1077(1977).
129. C. Cohen-Tannoudji, "Quantum Mechanics", Vol. 1, John Wiley&Son, 1977.
130. Fleischauer M., Keitel C.H., *Opt. Comm.*, **94**, 599 (1992)
131. Mompart J., Corbatan R., *Opt. Comm.,* **147**, 229 (1998)10
132. Fry E.S.,. Nipkov D, Scully M.O., *Phys. Rev. Lett.*, **70**, 3235 (1993)
133. Nottelmann A., Peters C., *Phys. Rev. Lett.,* **70**, 1783 (1992)
134. Veer W.E., Diest J.J., *Phys. Rev. Lett.,* **70**, 3243 (1999)
135. Karawajezyk A., *Phys.Rev. A*, **45**, 420 (1992)
136. Zhu Y., *Phys.Rev. A*, **45**, R6149(1992)
137. Zhu Y., Min Xiao*, Phys.Rev. A,* **47**, 602 (1993)
138. Sargeant III.M.,Scully M.O e Lamb Jr.W.E,*Laser Physics*,Addison-Wesley

139. ,Publishing Company(1974).

140. Kazuki Koshino e Akira Shimizu, *Phys. Rev.* A **67** (2003),
141. David Wick, The Infamous Boundary. Seven Decades of Heresy in Quantum Physics [Sete Décadas de Heresia na Física Quântica].
142. Birkhäuser-Verlag, Boston, Basileia, Estugarda, 1995.
143. Power W.L.,Knight P.L *Phys. Rev. A* **53**,1052(1996)
144. Pleneo M.B, Knight P.L e Thompson R.C, *Opt Comm.***123**,278(1996)
145. Inagaki .S., e Namki. M,e Tajiri T,*Phys Lett A,***166**,5(1992)
146. Fearn.H e Lamb W.E, *PhysRev* **A46**,1199(1992)
147. Gagen M.J.,Wisemen H.M e Milburn G.J ,*Phys Rev A,***48**,132(1993)
148. Altenmular T.P,Scenzle A,*Phys Rev A*,**49**,2016(1994)
149. Agrawal G.S e Tiwari S.P, *Phys Lett A*,**185**,139(1994)
150. Bege A,e Hegerfeldt G.C,*Phys Rev.A* **53**(1996)
151. deJong F. B., Spreeuw R. J. C., e van Linden vanden Heuvell H. B. ,*Phys. Rev. A* **55** 3918. (1997),
152. Mompart J., Ahufinger V., Silva F., Corbalán R, e VilasecaR. ,Quantum
153. interferência e efeito Zeno quântico na amplificação sem inversão, *LaserPhys.* **9,** 844. (1999),
154. Russell B., *A History of Western Philosophy* (George Allen & Unwin, Londres, 1946).
155. Neumann J. von, Die Mathematische Grundlagen der Quantenmechanik (Springer-
156. Verlag, Berlim, 1932) [tradução inglesa: Fundamentos Matemáticos do Quantum
157. Mechanics, traduzido por E.T. Beyer (Princeton University Press, Princeton, 1955)].
158. Beskow A. e Nilsson J., *Arkiv for Fysik* **34**, 561 (1967).

159. Khalfin L.A., Eksp Zh. *Teor. Fiz. Pis. Red.* **8**, 106 (1968) [*JETP Letters* **8,** 65 (1968)];
160. *Phys. Lett.* 112B, 223 (1982); *Usp. Fiz. Nauk* 160, 185 (1990) [*Sov. Phys. Usp*. 33, 10
161. (1990)].
162. Fonda L., Ghirardi G.C., Rimini A. e Weber T., *Nuovo Cimento* **A15** (1973) 689;
163. **A18** (1973) 805;
164. Fonda L, e Ghirardi G.C, *Nuovo Cimento* **A21**, 471,(1974).
165. Gamow G, *Z. Phys*. **51**, 204 (1928).
166. Pascazio S., Namiki M., Badurek G. e Rauch H., *Phys. Lett A*,**179**, 155 (1993);
167. Pascazio S.e Namiki M., *Phys. Rev. A,***50**, 4582, (1994).
168. Milburn.G.J,J *Opt.Soc.Am.B,***5**,1317(1988)
169. Porati M. e Putarman S, *Phys.Rev.A* **36**,929(1987)
170. Carmichal H.J.,Singh S,Vyas Rand Rice P.R,*Phys Rev A* **39**,1200(1989)
171. Rabi .I.I, Ramsey N.F e Schwinger J, *Rev. Mod.Phys*. **26**,167(1954)
172. Feynman R.P e Helwarth R.W, J.*Appl.Phys.***28**,49(1957)
173. Basov N.G. e Prokhorov.A.,*Física Soviética,JETP*,**1**,184(1955)
174. Imamoglu .A.,e Harris S.E.,*Opt.Lett.***14**,1344(1989)

175. Fill.E.E.,Scully M.O., e Zhu S.Y., *Opt.Commun.***77**,36(1990)
176. Scully M.O.,Zhu S.Y.,e Gavrieldies.A.,*Phys.Rev.Lett.***62**,2815(1989)
177. Scully M.O., Zhu S.Y., Nadrucci. L.,e Fearn. H.,*Opt Commun.***88**,246(1992)
178. Boller .K.J.,Imamoglu .A.,e Harris S.E., *Phys.Rev.Lett.***66**.2593(1991)
179. Klauder J.R., e E.C.G.Sudarshan, "*Fundamentals of Quantum Optics*",

180. W.A.Benjamin INC.New York,Amsterdam(1968)

181. Evers. J. e Keitel H.C., *J.Phys.B.At.Mol.Opt.Phys*.**37**(2004)2771-2796
182. Dubey R.K.,e Baruah G.D.,*Archives of Applied Research*,**1**(2)119-127,(2009)
183. Dubey R.K.,e Baruah G.D.,*Archives of Physics Research*,**1**(1)35-39,(2010)
184. Lang R.,Scully M.O.,e Lamb W.E Jr.,*Phys Rev* **A7**,17,88(1973)
185. Borah R.M. e Baruah G.D., *Asian J.Chem* **3**,63(1999)
186. Oslen. X. Plan II,,Tomborg .B., and Lassen H.E.,*Proc IEEE J*,**139**,189(1992)
187. Takahasi T.,e Arkawa,*IEEE photon Jechnot Lett*,**3**,106 (1991)
188. Stenhalm S e W E Lamb,*J Phy Rev*,**181**,115(1969)
189. Lou Fie Zhen e Zu Zhi Zhon,*Phys RevA*,**47**,1(1993)
190. Lou Fie Zhen e Zu Zhi Zhon,*Phys RevLettA*,**169**,389 (1992)
191. Robinsion D.R,Commun. *Math.Phys*.**1**,159(1965)
192. Stoler D,*Phys.Rev* **D1**,3217(1970),**D4**,1925(1971)
193. Yuen H P,*Phys.Rev.***A13**,2226(1976)
194. Hollenhorst H N, *Phys. Rev.***D19**,1669(1979)
*195.* Bochar Hans A e Ralph Timothy C, "*A guide to experiments in Quantum*
   a. *Optics*" Wiley-VCH (2009)p242.
196. Scully M.O Kim D.M e Lamb W.E Jr, *Phys Rev* **A2**, 2529, 2534. (1970)
197. Scully M.O e Lamb W.E Jr, *Phys Rev.* **166**,246.(1968)
198. Scully M.O e Lamb W.E Jr, *Phys Rev.* **179**,368. (1969)
199. Mandel L. e Sudarshan E.C.G, *Proc.Phys.Soc.***84**,345(1964)
200. Fearn.H e Lamb W.E, *Quantum Semiclass.Opt*.**7**, 211,(1995).
201. Lamb W.E, *Phys Today* **22**, No.4,23 (1969)
202. Bell J S, "*Speakable and unspeakable in Quantum mechanics*" (*Falável e indizível na mecânica quântica*), Universidade de Cambridge
203. press,Cambridge,(1987)
204. Einstein, A./B. Podolsky/N. Rosen: Pode a descrição quântico-mecânica da física
205. A realidade pode ser considerada completa? Physical Review 47, 777-780 (1935).

Printed by Books on Demand GmbH, Norderstedt / Germany